1

NACHRICHTEN VOM HOF VII

3

Bibliografische Information der Deutschen Nationalbibliothek:
Die Deutsche Nationalbibliothek verzeichnet diese Publikation
in der Deutschen Nationalbibliografie; detaillierte bibliografische
Daten sind im Internet über dnb.dnb.de abrufbar.

© 2018 Johannes F., Martina, Julia, Tobias Hartkemeyer

Herstellung und Verlag: BoD – Books on Demand, Norderstedt

ISBN 978-3-7481-2012-4

Johannes F., Martina, Julia und Tobias Hartkemeyer

NACHRICHTEN VOM HOF VII

Stadt, Land, Lust

Das Jahr 2018 auf CSA Hof Pente

Text © 2018 Johannes, Martina, Julia & Tobias Hartkemeyer
Fotos © Elena Beleites, Christian Sperber,
Rolf Hammerschmidt, Tobias Hartkemeyer, Johannes Hartkemeyer
weitere Mitwirkende: **CSA Hof Pente Team**
Herausgegeben von Pentertainment Productions

INHALT

VORWORT

Stadt-Land-Lust statt Stadt-Land-Frust!

Liebe Leserin lieber Leser,

wir freuen uns, dass wir nun den siebten Band mit den *Hof Nachrichten aus Pente* vorlegen können. Ermutigt dazu hat uns die berührende Resonanz vieler Leserinnen und Leser in den letzten Monaten. Viele Menschen schätzen offenbar eine alternative Sichtweise auf die Zusammenhänge in unserer Welt, die nicht an der Oberfläche hängen bleibt. Auch diesmal berichten wir darüber, wie wir denken und handeln, zusammenleben, zusammenarbeiten, wie wir mit Tier und Technik, Pflanzen und Boden umgehen. Was uns zum Handeln antreibt. Wie uns Gott und Welt angehen, wie wir von Klimawandel und Politik betroffen sind. Und es wird deutlich, dass unsere Welt letztlich ein lebendiges Netzwerk von gegenseitigen Abhängigkeiten und Ermöglichungen ist.

Eigentlich müssten wir wissen, dass wir die Luft, die wir verpesten, letztlich selbst einatmen, dass uns der Boden, den wir mit Pestiziden vergiften, letztlich die Stoffe liefert, die wir essen, dass das Mikroplastik, welches wir gedankenlos freisetzen, letztlich in die Weltmeere gelangt und mit dem Fisch auf unserem Teller liegt. Dass es nicht um Umweltschutz geht, sondern um Mitweltschutz, um unseren eigenen Schutz!

Dass es letztendlich um eine Landwirtschaft geht, vor der weder die Natur noch der Mensch geschützt werden muss. Das geht aber nur, wenn die Landwirte nicht allein sind, sondern auch die Konsumenten zu Wirten des Landes werden. Dann kommt es zu einem Verhältnis, das nicht im Frust endet, sondern Lust macht.

Einige Schwerpunkte und Ereignisse haben uns in diesem Jahr besonders beschäftigt. Besonders die große Trockenheit, die anscheinend auf den Klimawandel zurückgeht. Mit dem großartigen Einsatz aller Gärtnerinnen und Gärtner in Tag- und Nachtschichten gelang es uns dennoch, eine gute und schmackhafte Ernte einzufahren. Allerdings haben wir noch keine befriedigende Lösung, wie wir diesem möglichen Wetterwandel dauerhaft begegnen können.

Einen weiteren Schwerpunkt bildete in diesem Jahr die Arbeit mit den Pferden im Garten. Für viele Menschen, auch für uns, ist dies eine neue Kulturerfahrung. Aber es braucht Zeit, Geduld, Einfühlungsvermögen und fordern Achtsamkeit und Aufmerksamkeit besonders heraus. Und es beschert auch neue Tier-Mensch-Erlebnisse friedvoller, aber auch gefährlicher Art. Pferde sind Fluchttiere – und diesem Wesenszug kann Unfälle zur Folge haben. Andererseits sind sie sehr einfühlsam. Als ich (Johannes) von meiner Hochdosistherapie geschwächt, wieder auf den Hof zurückkam, lief der schwarze Friese Diego auf mich zu, legte tröstend vorsichtig seine Nüstern auf meine Schulter und gab mir einen doppelten Handkuss.

Nach intensiven pädagogischen Diskussionen und einem organisatorischen Kraftakt, gelang es in diesem Jahr, die *Freie Hofschule Pente* zu eröffnen. Nach Krippe und Waldkindergarten ist es nun die dritte pädagogische Einrichtung auf unserem Hof.

Es bleibt lebendig!

Johannes und Martina
Tobias und Julia

Pente, im Dezember 2018

Ein winziger Lichtschimmer, der sich von Hoffnung ernährt, ist genug, um das Schutzschild der Finsternis zu durchbrechen. Es reicht ein einzelnes Individuum, damit es Hoffnung gibt, und dieses Individuum kannst „du" sein. Dann gibt es ein weiteres „du" und ein weiteres „du", und es wird zu einem „wir". Beginnt Hoffnung also, wenn es ein „wir" gibt? Nein. Hoffnung beginnt mit einem „du". Wenn es ein „wir" gibt, beginnt eine Revolution.
(Papst Franziskus I)

JANUAR 2018

Schon Mitte Dezember wollten uns die Schneeflöckchen mit ihren Weißröckchen in einen vorweihnachtlichen Traumzauberzustand versetzten. Haben es sich dann aber anders überlegt, da sich Väterchen Frost, wahrscheinlich aufgrund seines hohen Alters, wieder mal verspätet. Weil aber ja doch irgendwie Wetter sein muss, übernahm schnell der Wind mit seiner ungestümen Kraft die Regie. Wüst trieb er die Wolken vor sich her und ließ sie an den Spitzen des Wiehengebirges platschend zerschellen. Quatschender Matsch sorgt nun überall für weichen Schmöttkeboden.

Die Kälber kuscheln sich an die warmen Milcheuter ihrer Mütter. Die Ferkel wärmen sich eng umschlungen in ihrem Strohnest. Mütterlich einladende Grunztöne lösen das Knäuel und lassen die gierigen Mäuler blitzartig an die warme Milchbar sprinten.

Ein zarter graublauer Lichtschimmer am Horizont lässt die Erwartung auf künftige zunehmend durchlichtete Tage aufkommen. Haben wir das Dunkel des Winters schon ausreichend genutzt, um besser sehen zu können? In vielen schamanischen Traditionen ist gerade das Durchleben der Dunkelheit Voraussetzung für die Erkenntnis höherer Welten. Den Sehern erfüllt sich im Schatten die wesenserfüllte Seite des Sonnenlichts. Martin erzählte einmal die Geschichte von einem Blinden, Jacques Luysserand, der in Frankreich während der deutschen Besetzung für die Resistance die Personalauswahl für die

Geheimoperation des Widerstands durchführte, weil er offenbar durch die Beschränkung seiner Sinne eine höhere Form der Wahrnehmung entwickelt hatte. Jeder Irrtum, jeder Verrat hätte tödliche Folgen gehabt.

Die Winterzeit lässt auch neue alte Fragen nach der Weiterentwicklung unseres Hofkonzeptes zu: Wie sieht es mit dem Kreislaufgedanken unseres Hoforganismus aus? Wie sicher ist unsere Lebensmittelerzeugung? Wie können wir unsere Energieversorgung unabhängiger gestalten?

Denn: trotz allem gegenteiligen Schein ist unsere Form von industrialisierter Landwirtschaft, die „just in time"- Lebensmittelversorgung, unsere zentralisierte Energiewirtschaft, unser Nachrichten- und Verkehrswesen so instabil und krisenanfällig wie niemals zuvor. Das hat die Untersuchung einer Kommission Technikfolgenabschätzung im Auftrage des Deutschen Bundestages ergeben.

An einigen kleinen Beispielen können wir diese Instabilität selbst erfahren. Während die Deutsche Bundesbahn in den fünfziger Jahren noch mit dem Slogan warb: *„Alle reden vom Wetter, wir nicht!"* konnten wir in den letzten Monaten erleben, wie mehrfach ein regional begrenzter Sturm oder ein Schneefall die leitungsgebundene Bahn tagelang ins Chaos stürzte, während die Deutsche Reichsbahn im Zweiten Weltkrieg trotz aller Bombenangriffe bis Anfang 1945 ihren Fahrplan weitgehend einhielt.

Auch die Lebensmittelerzeugung konnte bis zum Ende des letzten Weltkrieges zum großen Teil aufrechterhalten werden, weil sie zu über 90 % auf einfacher Technik und einer entwickelten Pferdewirtschaft basierte. Diese Krisenstabilität löste sich durch die Motorisierung und Elektrifizierung der Landwirtschaft um 1950 auf. Eine letzte Umfrage des Amtes Blank (Vorläufer des Bundesverteidigungsministeriums) ergab 1957 - während der Zuspitzung des Ost-West-Konfliktes - dass die Landwirtschaft aufgrund ihrer Fremdenergieabhängigkeit nicht mehr in der Lage war, die Ernährungssicherheit zu garantieren. In den USA war die totale Abhängigkeit der Landwirtschaft von der Nabelschnur des Öls schon Jahrzehnte zuvor geschaffen worden.

Das wurde uns schon vor Jahren auf einer Fahrt durch die Prärie von Colorado durch Wyoming nach Montana eindrucksvoll deutlich. Plötzlich sahen wir linkerhand vor einem Farmhaus zwei Dutzend alter rostroter Traktoren stehen. Ich hielt an, obwohl wir es eilig hatten und noch vor dem Dunkelwerden das Blockhaus unserer Freunde in den tiefen Wäldern Montanas erreichen wollten und zückte den Fotoapparat, um lüstern die techno-erotischen Formen der alten Case, Deering, HarrParr… aus den dreißiger und vierziger Jahren auf den Film zu bannen. Ein mächtiger Mann trat aus dem Farmhaus, das mit dem Schild „Tractor Nut" (Traktor-Narr) versehen war und lud uns ein, doch herein zukommen. Der Eingang, die Küche, das Wohnzimmer - alle Wände waren von unten bis oben mit altem Traktorenwerkzeug, Schraubenschlüsseln,

Spezialzangen und Ersatzteilen voll gehängt. Doch nicht genug, der verrückte Traktor Fan bat uns hinter das Haus. Der helle Wahnsinn! Soweit das Auge blicken konnte, war die Prärie bedeckt mit alten rostbraunen ehemals ölfressenden Traktoren - die technische Verwandlung einer ehemals still grasenden tausendköpfigen Bisonherde.

Die Technik, auf die wir setzen, wird von menschlichen Interessen bestimmt, vor allem aber durch eine Profit-Wirtschaft, die den einzelnen Menschen immer mehr abhängig machen will. Das trifft sowohl auf die Lebensmittelwirtschaft zu, die Landwirtschaft selbst, - durch Chemie, industrialisierte Tierhaltung und Gentechnik, - wie auch auf die Automobiltechnologie. In allen Großstädten dieser Welt von Mexico City bis Mumbai versinkt der automobile Individualverkehr in einem stinkenden lärmenden Chaos, welches die Fortbewegung zur Qual macht. Diese Entwicklung folgt einem bestimmten Muster, welches die Auto- und Ölkonzerne bereits von den 1930er bis 1950er Jahren konsequent mit der Zerstörung öffentlicher Nahverkehrssysteme verfolgt haben. General Motors, Standard Oil und Firestone kauften dazu unter falscher Flagge in 45 US-Städten (darunter New York und Los Angeles) öffentliche Verkehrsbetriebe, Schienentrassen und Bahnhöfe auf, um Schritt für Schritt Straßenbahnen und Nahverkehrszüge stillzulegen. Auf diesen Trassen wurden dann Highways gebaut, auf denen dann GM-Autos mit Firestone-Reifen mit Standard-Oil-Sprit fuhren, oder besser gesagt, bald schon mehr standen als fuhren (Blätter für deutsche und internationale Politik 12/2017).

Bis in die Sechzigerjahre stand in dem Tante-Emma-Laden (Böhmers Mia) auf dem Hörnschen Knapp ein graues 100l- Fass mit einer Handpumpe und einem geeichten Glaszylinder. Hier wurde das kostbare Petroleum abgefüllt, welches ausschließlich für Beleuchtungszwecke verwendet wurde. Unsere Nachbarin Frieda erzählt, wie die Elektrifizierung ihres elterlichen Hofes nach dem Kriege von statten ging: „Bis 1947 war elektrischer Strom für uns ein schöner Traum gewesen. Im Sommer dieses Jahres war es dann endlich soweit, dass wir an das Stromnetz angeschlossen werden konnten. Aber auch dabei gab es ohne Schweiß keinen Preis. Im Frühjahr mussten wir aus unserem Wald lange Fichten für die Masten fällen und mit dem Pferdefuhrwerk zum Bahnhof nach

Halen bringen. Von dort gingen sie zu einer Fabrik zum Imprägnieren. Nach 14 Tagen konnten wir dann die fertigen Masten wieder abholen. Das Graben der Löcher, Aufstellen der Masten und das Aufziehen der Kabel - alles musste in Eigenleistung gemacht werden. Tagelang waren zwei Mann von uns damit beschäftigt. Auch für den Trafo mussten wir selbst aufkommen. Die Ziegelei lieferte die Backsteine für das Trafohaus nur gegen Kartoffeln. Unser Flüchtling Gerhardt Mücke war Maurer. Der hat dann das Trafohaus gebaut. Für Speck, den ich zum Elektrogeschäft nach Engter brachte, kam dann die elektrische Installation. Ohne Ware war damals nichts zu bekommen." (Heimatverein Schmittenhöhe 1997). Bis in die siebziger Jahre hatten wir eine analoge Telefonanlage, mit der wir auch bei Stromausfällen, zum Beispiel heftigen Gewittern, die Nachbarn oder auch den Stromversorger zuverlässig erreichen konnten. Mit der Einführung einer ISDN Anlage hörte diese Zuverlässigkeit auf. Auf die Spitze getrieben wird diese Instabilität mit den neuen IP Anlagen (Internetprotokoll). Der Bericht der Enquetekommission sagt auch aus, dass die neuen Kommunikationsanlagen bei Polizei, Feuerwehr und Technischem Hilfswerk ebenfalls instabiler geworden sind als die Vorgänger. Vor einiger Zeit zeigte uns eine Freundin in Sankt Vit bei Rheda-Wiedenbrück ein Fachwerk-Bauernhaus, das als Tarnung für den Eingang zu einer unterirdischen Bunkeranlage diente. Dort war die Schaltanlage für das Netzwerk der Deutschen Reichspost untergebracht, die bis Kriegsende eine weitgehend zuverlässige Telefonverbindung für ganz Norddeutschland sicherte. In den achtziger Jahren wurde an der Rinderweide unseres Vetters in Rhauderfehn noch eine Langwellenfunkanlage der Deutschen Bundesmarine aufgebaut, mit der aufgrund der spezifischen Eigenschaften von Langwellen, die der Erdkrümmung folgen, alle deutschen U-Boote bis in 30 m Wassertiefe erreicht werden können. Diese Technik ist schon 100 Jahre alt und wurde bereits 1914 von der Telefunken AG für die Verbindung zwischen Berlin und der ehemaligen Kolonie Togo eingesetzt. Man vergleiche das mit der heutigen Technik, bei der man völlig auf das Internet setzt, von dem man weiß, wie instabil es ist, da es von Hackern lahmgelegt werden kann und im Krisenfall die erste Adresse eines Cyberwar ist.

Und wie konsequent will man selbst sein? Meine krankheitsbedingten Knochenbrüche haben dazu geführt, dass ich vorerst nicht mehr unseren geliebten 25 Jahre alten Daimler nutzen kann, sondern wir mit schlechtem Gewissen einen modernen SUV mit elektronisch gesteuerter Komfortfederung und hohem Einstieg geleast haben. Dafür haben wir uns aber auch gleichzeitig für einen vor über 25 Jahren hergestellten, praktisch neuwertigen, RG 28 des VEB Elektrogerätewerkes Suhl entschieden ;). Noch nie gehört? Ein nahezu unkaputtbares Rührgerät aus der ehemaligen DDR. Wenn man es aufschraubt, was ohne weiteres möglich ist, ohne es zu beschädigen, sieht man statt Plastikrädchen ein massives Metallgetriebe und kugelgelagerte Aufnahmen für die Rührstäbe. Aus Sicht der profitorientierten Obsolenz (Veralterung) geht das natürlich nicht. Diese Firma ist zur Wende 1990 abgewickelt worden. Die Geräte kann man allerdings heute noch gebraucht bedenkenlos kaufen. (am einfachsten übers internet...) Der Film dazu: „Kommen Rührgeräte in den Himmel?" Welche Form von Technik wollen wir künftig auf unserem Hof schwerpunktmäßig nutzen? Welche Rolle kann die Pferdewirtschaft spielen? Wie können wir regenerative Energieerzeugung verbessern oder sogar autark werden? Können wir die Windkraftanlage wieder in Betrieb nehmen und eine Solarstromtankstelle bauen? Brauchen wir mehr einfache Technik oder moderne Chip gesteuerte? Welche Beziehung wollen wir zwischen Menschen und Tieren und Pflanzen pflegen?

Klar ist, dass wir uns vor der lebensbedrohlichen Chemie-Landwirtschaft schützen müssen! Sie vernichtet nicht nur die Artenvielfalt, sie zerstört das gesunde Bodenleben und wirkt zerstörerisch auf unsere Gesundheit. Das unsägliche Possenspiel der Bundesregierung um die weitere Glyphosatzulassung als giftiges Weihnachtsgeschenk ist ein Trauerspiel. Mit aller List und Tücke, Gewalt und Trickserei betreibt sie das einseitige Geschäft der Chemiekonzerne und der pestizidbasierten Landwirtschaft. Nun wurde auch noch bekannt, dass sich die Bundesregierung auf EU-Ebene hinter den Kulissen dafür einsetzt, dass die Firma Monsanto ihre wahrscheinlich gefälschten Studien, auf die sich die Befürworter berufen, nicht offen legen muss, wie von Greenpeace beantragt.

Aktuell werden neue unabhängige Studien bekannt, die nahe legen, dass Glyphosat nicht nur Krebs auslösen, sondern auch Antibiotikaresistenzen hervorrufen, sowie Alzheimer und Autismus bewirken kann (Frankfurter Rundschau vom 14.12.2017). Konsequenter kann man Politikverdrossenheit in der Bevölkerung kaum erzeugen, als dass man zeigt, dass der Profit von Konzernen ihr wichtiger ist als die Gesundheit der Bevölkerung!

Einigen Mitgliedern ist wohl schon aufgefallen, dass sich unser Pferdebestand durch zwei Kaltblütergetüme erweitert hat, neben denen sich unsere schwarzen Friesenpferde wie niedliche Bambis ausnehmen: der Ardenner Wallach „Bamse" und die Schleswig-Holsteiner Stute „Lotte". Dazu kommt noch das Haflinger-Mix Pony „Paula" für das Training der Kinder. Die Kaltblutpferde sind vorerst nur in Obhut genommen von einem CSA Pacht-Betrieb in Schleswig Holstein, dessen Besitzer die Pacht gekündigt hat und der daher bis zum Jahresende geräumt werden musste. In der kleinen Herde hat der Friesenwallach „Diego" die Führung übernommen, die ihm von seiner über alles geliebten Friesenstute „Bella" überlassen wird, solange er sich ordentlich benimmt und das tut, was sie auch möchte. Bei den Kaltblütern hat die Stute „Lotte" das Sagen und lässt den Wallach nur in ihren gemeinsamen Stall, wenn sie Lust dazu hat. Aufgrund der entstandenen Platzprobleme musste leider der fleißige „Benny" vorerst – für eine Weile - zurück nach Wallenhorst gegeben werden.

Glücklicherweise hat sich unsere Herbst-Praktikantin, die ausgebildete Reitlehrerin Elena, entschieden, nach ihrem Trip durch Myanmar und Thailand Ende Februar auf unseren Betrieb zurückzukommen und neben ihrem Studium die immer größer werdende Pferdewirtschaft mit zu betreuen.

Herzliche Winter-Grüße euer Team vom CSA-Hof Pente

FEBRUAR 2017

Das Kapital hat einen Horror vor Abwesenheit von Profit, oder sehr kleinem Profit, wie die Natur vor der Leere. Mit entsprechendem Profit wird Kapital kühn. 10 % sicher, und man kann es überall anwenden; 20 %, es wird lebhaft; 50 %, positiv waghalsig; für 100 % zerstampft es alle menschlichen Gesetze unter seinem Fuß; 300 %, und es existiert kein Verbrechen, das es nicht riskiert, selbst auf Gefahr des Galgens. (P.J. Dunning 1860)

Im Januar schlief **Väterchen Frost** immer noch tief und fest im fernen Sibirien und an der nordamerikanischen Ostküste bei für ihn gemütlichen 42° minus. Hierzulande nutzte die neugierige Sonne ihre Chancen und strahlte vor Lebensfreude mit ihrem freundlichen Gesicht durch das Allerleigrau. Immer besser gelangen ihr die lockeren Klimmzüge am südlichen Horizont. Das erfreute vor allem unsere Hühner, Schafe und Pferde im derzeitigen Grönland (grünes Land). Statt frostgrauer Tundra konnten die Tiere noch frisches grünes Gras genießen. Und wie weiter mit dem Wetter? Das Institut für Meteorologie an der Freien Universität Berlin verglich vor einiger Zeit **Bauernregeln** mit den Wetterdaten der letzten 250 Jahre und überprüfte sie auf ihren Vorhersageerfolg. Als sehr treffsicher (über 70 %) erwies sich die Prognose: "Ist bis Dreikönigstag kein Winter folgt auch keiner mehr dahinter".

Die Versorgung der Tiere im Freiland mit **Trinkwasser** wurde durch das milde Wetter erheblich erleichtert. Während die Rinder eine unterirdisch gespeiste frostfreie Spezialtränke besitzen, müssen die Schweine bei Frost mit Eimern versorgt werden. Die Mobilställe der Hühner sind mit innenliegenden Tanks ausgestattet, deren Befüllung bei extremem Frostwetter schwierig wird. Die Pferde haben in ihrem Offenstall zwar eine unterirdische Leitung, die dank der Baggerarbeit von Mitglied *Artur* und der Installation von Mitglied *Jürgen* sehr komfortabel ist, wobei allerdings die oberirischen Tränken bei frostigen Temperaturen einfrieren und platzen können, wenn sie nicht rechtzeitig abgestellt und entleert werden.

Bei den **Pferden** hat der Friesenwallach *Diego* die Aufsicht übernommen. Eine Aufgabe, die er mit großer Ernsthaftigkeit ausfüllt. Beim Umtrieb rührt er, auch wenn er der erste ist, im Stall kein Hälmchen Heu an, bevor nicht alle Mitglieder seiner Herde ordnungsgemäß im Stall angekommen sind. Selbst seine beste Freundin *Bella* wird zur Ordnung gerufen, wenn sie die Ponystute *Paula* ärgert. Tiere sind keine Spielzeuge, sondern eigenwillige Lebewesen. Deshalb wird auch dringend davon abgeraten, diese ohne Absprache mit den zuständigen Hofesleuten zu füttern. So ruiniert Zucker beispielsweise die Zähne und ruft Verdauungsstörungen hervor. Pferde haben ein scharfes Gebiss, mit dem sie in der Lage sind, wenn auch ungewollt, weil sie ja Vegetarier sind, Finger abzubeißen. Sie können auch unvorhersehbar reagieren. (Martin hat beim Training mit den Kaltblütern bereits einen Wirbelbruch erlitten.)

Die **Hühner** haben Frühlingsgefühle entwickelt und ihre Legeleistung so gesteigert, dass wir derzeit unsere Mitglieder ungewöhnlich gut versorgen können. Auch die Zahl der Wollknäuel bei den **Schafen** wird voraussichtlich erheblich zunehmen. Die ersten Pollenflüge vernebeln die Pflanzenwelt und wir hoffen, dass die Bienen davon nicht irre geleitet werden und vorzeitig ihr wärmendes Winterquartier verlassen.

Am Mittwoch, den 17. Dezember, schenkte uns Momo, Mutter des Bullen Malwin, der bereits zur Fleischversorgung der Nicht-Vegetarier in der Hofes- und Mitgliedsschar beigetragen hat, den Merkur, ein hübsches helles **Bullenkälbchen**. Nun spielt es schon voller Lebensfreude mit seinem Lieblingsspielkameraden Ruben, dem Sohn von Ronja.

Unsere **Sauen** machen derzeit eher auf Kleinfamilie. Lu, die Lieblingssau von Eber Herkules, pflegt derzeit ihre überlebenden vier Kinder. Aus dieser Paarbeziehung wollen wir einen Sohn für die Nachzucht gewinnen. Auch die Jungsau Frieda verwöhnt uns derzeit nicht gerade mit Ferkelsegen. Eines ihrer drei Ferkel wurde sogar auf unerklärliche Art und Weise ziemlich verletzt. Gott sei Dank hat Josh auf dem Weihnachtsmarkt in Edinburgh, Schottland, Irene aus Katalonien kennen gelernt und mitgebracht. Sie nimmt jede Nacht das

Ferkelchen *„Braveheart"* zu sich, pflegt vereint mit Clara seine Wunden mit Seifenlauge, Schafgabensud, Calendula und homöopathischer Medizin und legt es ins Bettchen im Abholraum. Wenn es auch sein Ringelschwänzchen verloren hat, so geht es ihm tagtäglich besser. Jeden Morgen wird *Braveheart* glücklich wieder zurück an die Mutterbrust gegeben.

Die **Kartoffeln** schlafen noch tief und fest in ihrem Lager. Wenn das Wetter kühl und trocken ist, werden sie gelegentlich durch unterirdische Kanäle belüftet, damit die Schalen fest und trocken bleiben. Da wir keine chemischen Keimhemmer einsetzen, verwenden wir bei der Kartoffelauslagerung für den Abholtag im Lagerraum nur grünes Licht, um keine Keimimpulse auszulösen. Andererseits müssen wir bei der Vorbereitung der Frühkartoffeln in ihren Vorkeimkisten diese mit den Frequenzen der Frühjahrssonne verwöhnen, um die Vegetationszeit (90 – 110 Tage) zu verkürzen und damit die Erntezeit möglichst nach vorne zu verlegen. *„Anuschka"* und *„Goldmarie"* heißen die neuen Sorten, die sich nun auf ihr Frühlingsleben in der humosen Maienwiese freuen. Der Kartoffelanbau erfordert im biologischen Landbau eine besonders gut durchdachte Vorbereitung des Ackers, da wir keine chemischen Gifte einsetzen wollen, um Anbaufehler zu korrigieren. Das ist nicht immer einfach, denn einerseits brauchen wir für den Anbau der Kartoffeln eine reichliche **Humusversorgung**. Diese sorgt sowohl für einen ausgeglichenen Luft- und Wasserhaushalt, aber auch für eine gute Nährstoffnachlieferung, so wie den Abbau von Schadstoffen und die Bildung von Ton-HumusKomplexen, die den Boden widerstandsfähiger machen. Andererseits lockt ein hoher Humusgehalt Drahtwürmer und den Rhizoctonia-Pilz an, welche die Kartoffelknolle befallen. Eine Vorsichtsmaßnahme ist, höchstens alle vier Jahre auf der gleichen Fläche Kartoffeln anzubauen. Eine andere, möglichst wenig unverrottete organische Substanz während des Anbaus im Boden zu haben und die ausgereiften Kartoffeln nicht zu lange im Boden liegen zu lassen.

Wie wichtig die Vermeidung von chemischen Giften in der menschlichen Ernährung ist, zeigt die *Umweltprobenbank* in Münster. Seit 1981 sind dort 350.000 menschliche Blut- und Urinproben in Metalltanks mit flüssigem Stickstoff bei minus 150° Celsius gelagert. Jährlich kommen 15.000 weitere dazu.

Wie das Fraunhofer-Institut für Biomedizinische Technik (IBMT) feststellte, sind nicht nur der allgegenwärtige Plastikgrundstoff Bisphenol A, das berüchtigte Pestizid Glyphosat und das jüngst in Eiern nachgewiesene Biozid Fibronil zu finden. Auch rund 300 weitere Chemikalien (FR vom 10.1.2018), die Folge eines immerwährenden neoliberalen Mottos, „chemical (digital) first - Bedenken second!" (FDP Wahlkampf) Neben der Giftfrage ist auch die Ressourcenfrage von Bedeutung. Wir Deutschen hatten bereits am 2. August 2017 alle natürlichen Ressourcen aufgebraucht, welche die Erde innerhalb des letzten Jahres (für uns) erzeugen konnte.

„Lebensmittel und Gifte passen nicht zusammen!" Das sagte Ulrich Veith aus Südtirol auf seiner Ansprache auf der Demo in Berlin: „Wir haben es satt!" vor über 30.000 Menschen. Er ist Bürgermeister von Mals, der ersten **pestizidfreien Gemeinde** Europas. Er fragte: „Wie kann man wirklich glauben, dass Mittel, die Tiere und Pflanzen töten, für uns Menschen unbedenklich sind? Was bitte haben Gifte in der Produktion von Lebensmitteln verloren?" Pestizidlobbyisten haben nun in Mals Hausverbot. So wird Glyphosat mittlerweile nicht nur für schwere Schädigungen an Kleinkindern verantwortlich gemacht, sondern auch für Autismus und Demenz. In Wikipedia ist zudem (noch) zu lesen, dass vermutlich auch das multiple osteolytische Myelom (Knochenmarkkrebs) auf sein Konto geht. „Nachtigall ick hör dir trapsen." Merke aber auch: „Wenn das Leben dir Zitronen gibt – mach Limonade draus". Wer denkt schon täglich daran, wie die Existenzvernichtung von Biobetrieben, Rüstungsgeschäfte, steigende Pachtpreise für den Boden, der Hungertod von Kindern im Jemen, die deutsche Wirtschaftspolitik und das Geschäft mit dem Klimawandel zusammenhängen? Das erfährt man nicht in der Tagesschau, wo die Problemlagen aus ihrem Zusammenhang gerissen und bis zur Unkenntlichkeit zerhackt werden. Ein Beispiel: Die **Lürssenwerft** in Bremen hat im Jahre 2013 einen von der Bundesregierung genehmigten Rüstungsauftrag in Höhe von 1,5 Milliarden € für den Bau von 146 Kanonenschnellbooten von Saudi Arabien bekommen. Diese Schnellboote, die angeblich nur zum Küstenschutz eingesetzt werden sollten, blockieren nun die Häfen von **Jemen**, damit die Hilfsgüter für zehntausende vom Hungertod bedrohte Kinder nicht entladen werden können. Mit dem enormen Profit aus diesen Rüstungsgeschäften kauft die Firma Lürssen in **Ostdeutschland** landwirtschaftliche Betriebe und ehemalige DDR-Genossenschaften in großem Stil auf. So müssen zum Beispiel Biobetriebe ihre Pachtflächen aufgeben, da die im Westen lebenden Alteigentümer den Verlockungen des Geldes nicht gewachsen sind und die Biobauern, die aufgrund dieser Spekulation verdoppelten Pacht- und Bodenpreise nicht mehr bezahlen können. Das Grundstücksverkehrsgesetz, das eigentlich die bäuerlichen Flächen schützen soll, greift hier nicht, weil ja in großem Stil ganze Betriebe übernommen werden. Nicht einmal Grunderwerbssteuer müssen die Finanzspekulanten bezahlen, da sie gewiefte Juristen einsetzen und nur jeweils mit 94,9 % Übernahme die magische Grenze von 95 % unterschreiten, bei der die Steuer fällig wird. Die Münchener Rück Versicherung, die enorme Geschäfte mit dem Klimawandel macht, krallt sich mit der gleichen Methode riesige Landflächen. Mittlerweile soll bereits ein Drittel der ostdeutschen Agrarflächen auf diese Art und Weise in die Hand von Konzernen und Spekulanten gelangt sein, die diese mit riesigen Maschinen und dem vollen Einsatz der Agrarchemie bearbeiten lassen.

Nun überfällt auch noch zu allem Überfluss unser westlicher Wertepartner und NATO Mitglied Türkei völkerrechtswidrig sein Nachbarland, Syrien, mit deutschen Leopard 2 Panzern. Jetzt werden kurdische Kämpfer erschossen, die vorher Jesiden und Christen aus der Hand der Mörderbanden des Islamischen Staates retteten. Und die Bundesregierung? Sie lässt über ihren Pressesprecher mitteilen: „Da stelle mer uns mal janz dumm. Wat is ne Leopard?" Da werden dann wohl demnächst „Kriegsministerin" Ursula von der Leyen und Außenminister Sigmar Gabriel Hand in Hand an die syrische Front eilen und vorsichtig an die Panzer klopfen, um festzustellen, ob sie aus Pappmaschee sind, oder vielleicht doch echt. Und um die Volksverblödung komplett zu machen, lässt die geschäftsführende Regierung verkünden, sie würden nun keine Rüstungsgüter mehr an Kriegsparteien liefern. Die Munitionslager der türkischen Armee, die zweitgrößte der NATO, quellen über, weil die Bundesregierung ihr riesige Mengen von Rüstungsmaterial aus den Arsenalen der ehemaligen Nationalen Volksarmee der DDR geschenkt hat. Und die deutsche Rüstungsfirma

Rheinmetall liefert derweil fleißig Bomben und Granaten über ihren italienischen Produktionsstandort an die Saudis, damit sie diese erfolgreich über Frauen und Kinder im Jemen abschießen bzw. abwerfen können. Die Bundesregierung erklärt, sie sei nicht zuständig, weil dieser Export aus Italien vorgenommen wird. Italien erklärt sich für nicht zuständig, da es sich um eine deutsche Firma handelt. (ARD, 15.01.2018, 22.45: Bomben für die Welt) Das nennt man politische Verantwortung. Damit das alles noch besser läuft, unangenehmen Fragen aus dem Wege geht und man sich auf das Geld zählen konzentrieren kann, baut Rheinmetall über ihren südafrikanischen Standort gleich ganze Waffen- und Munitionsfabriken in Saudi-Arabien und sonst wo nach dem Motto von Hase und Swienigel: „Ick bün all hier!" Das saubere Geld kann dann direkt Steuer vermeidend in Oasen oder Inseln fließen. Die Aktionäre können sich derweil die Hände (in Kinderblut) reiben, bei 70 % Kurssteigerung der Rheinmetallaktien allein im letzten Jahr. Erhältlich in DEKA Sparkassenfonds, oder bei der DWS, Investmenttochter der Deutschen Bank (Kindernothilfe „terre des hommes"). Der ehemalige Entwicklungsminister Dirk Niebel (FDP) und der „christ"?! demokratische Verteidigungsminister Jung hatten ebenfalls ihre blutigen Hände als Rüstungs- Lobbyisten dieser Firma im Spiel. Wer klagt diese Menschen wegen der „Bildung einer kriminellen Vereinigung" und der „Beihilfe zur Vorbereitung und Durchführung eines Angriffskrieges" an?

Nun dürfen wir uns darauf freuen, dass das Grokodeal bald auf uns losgelassen wird. Schade, dass die SPD den **Glyphosat-Skandal**, wo ihre eigene Ministerin hereingelegt worden ist, nicht genutzt hat, um eine neue verbraucherfreundliche Agrarpolitik zu fordern. Es bleibt bei der Massentierhaltung nach dem Motto: „Global fressen, regional stinken!" Traurig ist auch, dass - statt konsequent eine regenerative sonnige Zukunft im Energiesektor anzugehen, - die kurz vorher auf internationalen Konferenzen großartig verkündeten Klimaziele fluchtartig unter Braunkohledreck begraben wurden - nach dem Motto: „War ja nur so ne Idee". In bemitleidenswerter Weise ist man voll damit beschäftigt, die gröbsten sozialen Ungerechtigkeiten, die von der letzten SPD geführten Regierung unter klammheimlichem Beifall der Neoliberalen eingeführt wurden, wenigstens teilweise wieder abzuschaffen (ungleiche Belastung bei den Krankenversicherungsbeiträgen, Beschädigung der staatlichen Rentenversicherung zu Gunsten der privaten Kapitalversicherungsunternehmen, Senkung des Spitzensteuersatzes, Entregelung des Finanzmarktes, et cetera).

Aber es gibt auch positive Nachrichten: seit 140 Jahren hatten die **Whanganui Iwi,** ein neuseeländischer Maori-Clan, in einem wohl längsten Rechtsstreit Neuseelands, gefordert, dass ihr gleichnamiger **Fluss** als Lebewesen anerkannt wird. Am 15. März 2017 verabschiedete das neuseeländische Parlament ein Gesetz, das den Whanganui, den längsten schiffbaren Fluss des Landes, mit **Personenrechten** ausstattet. Ein „historisches Ereignis" wie der neuseeländische Generalbundesanwalt Christopher Finlayson formulierte. Für die Maori ist das selbstverständlich. In einem ihrer Lieder heißt es: „Ich bin der Fluss. Der Fluss ist ich". Für diejenigen unter uns, denen dieses Urteil ungewöhnlich vorkommt, sei in Erinnerung gerufen, dass seit 150 Jahren, nach einem Grundsatzurteil in den USA, **Kapitalgesellschaften** Rechte wie Personen besitzen!

Hoffnungsvoll ist auch, dass die mutige **Klage des peruanischen Bauern** gegen den RWE-Konzern von einem deutschen Gericht, zumindest erstinstanzlich, nicht abgewiesen wurde. Dieser hatte dem Konzern, der sich selbst als größten CO2-Emittenten Europas bezeichnet, vorgeworfen, seine Lebensgrundlagen aufgrund des Klimawandels zu zerstören.

Unser Frühlingsteam wird in den kommenden Wochen erheblich verstärkt. Nicht nur *Elena* kommt zur Freude von Pferden und Menschen aus ihrem ostasiatischen Exil (Myanmar, Thailand) zurück, sondern auch *Jonas* aus seiner Fortbildung. *Moritz* wird seine Ausbildung in der Landwirtschaft auf unserem CSA-Hof weiterführen, *Jabar* aus Afghanistan will ebenfalls Ausbildungserfahrungen in der Landwirtschaft machen. Als neuer Geselle im Gartenbau kommt *Jan* zu uns und *Sara* für den Waldkindergarten.

Herzliche Wintergrüße,
Euer Team vom CSA-Hof Pente

Elena mit Bamse und Lotte mit dem Beetpflung beim „Auseinanderschlag"

MÄRZ 2018

Neurologische Studien belegen, dass sich die Gehirne von Kindern, die schon von klein auf viel Zeit vor der Mattscheibe verbringen, anders entwickeln, als die Gehirne von Kindern, die wenig oder gar nicht fernsehen. Das Vermögen zu riechen, zu fühlen, zu hören oder sich zu bewegen, bleibt defizitär. Stattdessen entsteht eine irreversible körperliche Abhängigkeit von den Hormonen, die beim Sehen von Gewaltszenen, oder beim aggressiven Computerspiel ausgeschüttet werden. Manfred Spitzer

Dummes Zeug kann man viel reden, kann es auch schreiben. Wird weder Leib noch Seele töten. Es wird alles beim Alten bleiben. Dummes aber vors Auge gestellt hat ein magisches Recht. Weil es die Sinne gefesselt hält, bleibt der Geist ein Knecht. Johann Wolfgang Goethe

Knusprig knirscht der verharschte **Schnee** auf berstenden Eispfützen unter den Tritten der Rinder. Langsam wachte Väterchen Frost im Februar aus seinem fernen Winterschlaf auf und erinnerte sich, dass er hierzulande seinen Job noch gar nicht gemacht hatte. Mit Hochdruck blies er seinen eiskalten Atem über das norddeutsche Tiefland. Vielleicht bekam er auch mit, dass man versuchte, mit der wissenschaftlichen Interpretation alter Bauernregeln, seine Anreise oder sein Ausbleiben, vorherzusagen. Und er trotzig, wie die Wettergötter nun mal sind, sich einen Spaß daraus machte, sich eigenwillig jeder exakten Vorhersage zu entziehen. Schließlich wird er sich auch daran erinnert haben, dass er nicht mehr viel Zeit hat und als später Gast bald der milden Sonnenkraft des Frühlings weichen muss.

Im dichten Wald, oben auf der Penter Egge und zwischenzeitlich in der Allee, wurde in den letzten Wochen mehrfach ein **Wolf** gesichtet. Wir hoffen, dass er nicht so bald sein ganzes Rudel mitbringt und sich, statt beim Bioladen vorbeizuschauen, kostenlos bei uns leckeren Biobraten in Form von Huhn und Schaf einverleibt. *Fragt das Schaf den Wolf: „Na, wie war's beim Optiker?" Der*

Wolf: „Geil! Ich sehe wieder Scha(r)f!" Vielleicht müssen wir aber auch als Sicherheitsmaßnahme, wie bei den sieben Geißlein, eine große alte Standuhr aufstellen und Wackersteine bereit legen…. Offenbar haben wild lebende Wölfe noch die Fähigkeit, in ihrem Rudel auf eine Art und Weise über große Strecken zu kommunizieren, die uns auf den ersten Blick geheimnisvoll erscheint. Der Naturwissenschaftler Rupert Sheldrake, den ich in England kennen lernen durfte, vertritt die Theorie der **„Morphischen Resonanz"**, d.h. Denkprozesse finden nicht (nur) im Kopf statt, sondern können sich in einer Art **Gedankenfeld** im Raum entfalten. Schließlich befindet sich im Radio ja auch nicht das Orchester, das den Klang erzeugt. Er machte Versuche mit Haustieren, vor allem Hunden, die in enger Beziehung zu ihrem Herrchen/Frauchen stehen. Eine Kamera nahm das Zuhause gebliebene Tier auf; mit einer zweiten Kamera wurde die Beziehungsperson in ihrer Alltagssituation beobachtet. Nach dem Zufallsprinzip wurde dieser Person signalisiert, die Rückkehr nach Haus in Betracht zu ziehen. Auf dem gespaltenen Monitor für beide Kameras in der Untersuchungsstation war in diesem Moment der bewussten Entscheidung deutlich zu sehen, dass das Tier in eine „Hab-Acht! -Haltung" ging, als wenn es synchron ein Signal von der Bezugsperson empfangen hätte. Es gibt zahlreiche Beispiele dafür, dass auch (besonders naturverbundene) Menschen grundsätzlich diese Fähigkeiten entwickeln können. So zum Beispiel von den **Aborigines** in Australien oder auch den **Buschmännern** im südlichen Afrika, von denen mir bei einer Reise durch Namibia außergewöhnliche Jagdgeschichten hinsichtlich ihrer besonderen Wahrnehmungsqualitäten erzählt wurden.

Da am Freitag den 16.2. nach der chinesischen Zeitrechnung das „Jahr des Hundes" begonnen hat, genauer des „Feuerhundes", wurde die Hofgemeinschaft um zwei **Schäferhund**-Mischlings-Welpen bereichert. Also „fröhliches Schwanzwedeln".

Um den sensiblen Umgang mit Tieren ging es auch in einem Seminar mit dem Pferdespezialisten *Klaus Strüber* auf dem CSA Hof Pente. Mehr als zwei Dutzend Interessierte, darunter viele Hofmitglieder, nahmen an dem Tagesseminar des „Hof Pente Kollegs" teil, um sich für den künftigen **Umgang mit**

Zugpferden in Landwirtschaft und Gartenbau weiterzubilden. Ziel war es, zu den Bereichen Anspannung, Umgang mit den Pferden und der spezifischen Arbeitsweise von pferdegezogener Landtechnik, weitergehende Erfahrungen zu vermitteln und Fragen zum praktischen Einsatz zu beantworten.

Der Referent und Trainer Klaus Strüber, der selbst seit 20 Jahren zu diesem Thema praktisch arbeitet und forscht, machte deutlich, dass bei einer ökologisch-ökonomisch-sozialen Gesamtbetrachtung in vielen Fällen dieses Thema hochaktuell ist. Das zeigten neuere Forschungsergebnisse aus den USA. Dort haben die mittlerweile etwa 300.000 **Amish People** - eine Religionsgemeinschaft, die ursprünglich aus Deutschland stammt - eine Agrarkultur entwickelt, die vollständig auf einer Pferdewirtschaft basiert. Was die Flächenerträge, die Qualität der Produkte und die wirtschaftliche Eigenfinanzierung betrifft, liegt diese Form von Landwirtschaft in den USA an der Spitze. Auch bei uns haben die Themen Bodenverdichtung durch schwere Arbeitsmaschinen, Bodenverschlämmung durch Starkregen als Folge des Klimawandels, CO2 Vermeidung, Energieautarkie und auch das Thema Feinstaubbelastung bei einigen Praktikern zu einer Neubewertung des Einsatzes von Pferden geführt. Dazu kommen persönliche Aspekte, wie die Freude im Umgang mit Tieren, die Stille, die es ermöglicht, dass die Arbeit sogar meditativen Charakter bekommen kann, der Genuss von frischer, abgasfreier Luft und das unverfälschte Feedback, das Pferde hinsichtlich der eigenen Führungsqualitäten geben können.

Klaus Strüber stellte zunächst die verschiedenen **Geschirrformen** vor. Während im norddeutschen Flachland früher das Brustblattgeschirr vorherrschte, ist das Kummetgeschirr in Süddeutschland weiter verbreitet gewesen. Dort sei es aufgrund der gebirgigen Verhältnisse auf höhere Zugleistungen angekommen. Auch die Amish People haben sich auf das Kummetgeschirr spezialisiert und stellen es noch heute mit einigen Weiterentwicklungen in ihren Manufakturen selbst her. Zunächst lernten die Teilnehmenden des Seminars das Anlegen und die Einstellung dieser Geschirrform in der Praxis. Ziel ist, durch die richtige Aufbewahrung und Anlegetechnik die tägliche Rüstzeit auf zehn Minuten pro Pferd zu verkürzen, um die praktische Anwendung auch arbeitswirtschaftlich gesehen, vertretbar zu gestalten.

Trockenübungen zum Warmwerden und Kennenlernen

Anschließend zeigte der Referent den **praktischen Umgang mit den Pferden**. Es ist außerordentlich wichtig, dass der Mensch die Ausdrucksweise der Pferde versteht, gewissermaßen mit dem Tier in Resonanz tritt, um ihm die richtigen Signale geben zu können. Dabei ist nicht so wichtig, was man sagt sondern wie, weil das Pferd eher auf die Haltung und Einstellung des Menschen, auf den Klang der Stimme sowie auf die Körpersprache reagiert. Vor dem Pferd her zu gehen, ist Aufgabe der Leitstute, die Position des neben dem Tier gehenden Menschen signalisiert eher die Rolle eines Freundes und das Leiten von hinten die Position des Leithengstes. Wenn das Pferd das Gefühl hat, einem Menschen voll vertrauen zu können, ist es zu großartigen Leistungen fähig. Demonstriert und praktisch ausprobiert wurden diese Erkenntnisse auf Hof Pente anhand der Leinenführung mit seiner rheinisch-schleswig-holsteinischen Kaltblutstute „Lotte" und seinem mächtigen schwedisch-ardenner Wallach „Bamse". Klaus Strüber stellte eine breite Palette von historischen und aktuellen Landmaschinen vor, die für den Pferdezug geeignet sind. So etwa eine **Präzisionsdrillmaschine**, oder eine einfache **Netzegge**, die in der mechanischen **Beikrautregulierung** - ökologisch gesehen - gute Dienste leistet und ein **Geräteträger**, der sowohl mit **Häufelelementen** als auch mit modernen elastischen **Fingerhackelementen** ausgerüstet werden kann. Besondere Aufmerksamkeit fand der von einer Amish Manufaktur entwickelte und aus den USA importierte **Miststreuer** mit Bodenantrieb.

Großen Dank erntete der Seminarleiter von den Teilnehmenden für diesen breit gefächerten Überblick über ein Thema, das einen neuen Blick auf eine fast vergessene Form von Landwirtschaft bietet. Das sonnige Wetter ermöglichte, überwiegend praktisch im Freiland tätig zu sein.

Neues von der **Glyphosatfront**: Ein internationales Team von Forscherinnen und Forschern unter der Leitung der Pflanzenpathologin Ariena van Bruggen von der Universität Florida gibt auf der Basis von 220 Studien, die offenbar vom BfR (s.u.) nicht zur Kenntnis genommen werden, einen breiten Überblick zu den potentiellen Auswirkungen des Herbizids. Ihr Fazit: Die in der

Landwirtschaft rund um den Globus beliebte Chemikalie verändert die Gemeinschaft der **Mikroorganismen** in den **Böden** massiv. Für Menschen erhöht Glyphosat nicht nur das Risiko von **Krebs**, sondern auch für neurodegenerative Erkrankungen wie **Alzheimer** oder **Parkinson**. Und: Es führt zu **Kreuzresistenzen** gegen Antibiotika. Das bedeutet, Bakterien, die nicht mehr auf Glyphosat reagieren, entwickeln diese Unempfindlichkeiten auch gegenüber anderen Substanzen (Frankfurter Rundschau vom 14.12.2017 „Glyphosat wirkt auf Neurotransmitter").

Angesichts dieser Situation führte der Hauptverband des Osnabrücker Landvolks am 13. Februar 2018 seinen diesjährigen Landvolktag mit dem Hauptreferenten Professor Dr. Dr. Andreas Hensel, Präsident des Bundesinstituts für Risikobewertung (BfR) durch. Sein Thema: „Tatsächliche und gefühlte Gefahren und Risiken im Lebensmittelbereich". In der Einladung zu dieser Veranstaltung steht das **unglaubliche Zitat**: *„Glyphosat wird seit über 40 Jahren in der Landwirtschaft eingesetzt, ohne dass es auch nur einen einzigen ernst zu nehmenden Hinweis auf schädliche Nebenwirkungen für den Menschen gibt."*

Gleichzeitig ergeben stichprobenartige Untersuchungen an niedersächsischen Gewässern, so auch der Hase, dass in allen Probeentnahmen **antibiotikaresistente Keime** gefunden worden sind. „Das ist wirklich alarmierend", sagte Dr. Tim Eckmanns, der am Robert Koch Institut, Berlin, die Abteilung für Infektionen und Antibiotikaresistenz leitet (Neue Osnabrücker Zeitung (NOZ) vom 7. Februar 2018). Darunter auch das für den Menschen als letzte Rettungsmöglichkeit gegebene, besonders wichtige **Reserveantibiotikum** Colistin. Man befürchtet in der Humanmedizin einen Rückfall ins medizinische Mittelalter. Dieses Reserveantibiotikum wird auch in der Massentierhaltung eingesetzt. Es gelangt durch die Gülle in die Umwelt. Ein Verbot für dessen Einsatz konnte der niedersächsische Agrarminister Meyer von den Grünen gegen den Widerstand der Lobbyisten nicht mehr durchsetzen. Es ist den **Lobbyisten** auch noch gelungen, dass der Passus im Koalitionsvertrag von CDU/CSU/SPD, der auf die Pflicht von Herstellern hinwies, sich nach dem Verursacherprinzip an den Kosten für die Abwasserreinigung und Wasseraufbereitung zu beteiligen, gestrichen wurde (NOZ vom 6. Februar 2018).

Die pestizidabhängige industrialisierte Landwirtschaft probiert eine neue von Trump inspirierte fakewissenschaftliche Argumentationsstrategie. So zum Beispiel: Glyphosat sei notwendig, um den Einsatz des Pfluges zu reduzieren und damit den Klimawandel zu begrenzen. Und: Der Einsatz von Reserveantibiotika bei den Tieren sei aus Gründen des Tierschutzes unverzichtbar. In den neuen Koalitionsvereinbarungen ist nun auch vorgesehen, dass diejenigen, die sich illegal Bilder aus diesen Massentierhaltungsanlagen beschaffen und damit die Öffentlichkeit informieren, nun mit verschärften Strafen belangt werden sollen. Damit soll das Motto „Ruhe ist die erste Bürgerpflicht" beibehalten werden, nach dem alten deutschen Prinzip: „Davon habe ich nichts gewusst."

Die gute Nachricht: Der Bremer Senat hat beschlossen, alle **Bremer Schulen** zu 100 % mit **Bionahrungsmitteln** aus der Region zu versorgen! In Frankreich wird qualitativ gutes Essen schon immer geschätzt. Der Koch Marc Veyrat errang jetzt mit seiner Küche im „Maison des Bois" in den Savoyer Alpen die Bestnote des Restaurantführers Guide Michelin. Er selbst bezeichnet sich selbst als „Bauer, der auch Lust am Kochen hat" und setzt ausschließlich auf regionale Bioprodukte. Ebenfalls nach dem gleichen Prinzip arbeitete seit Jahrzehnten der vor kurzem mit 91 Jahren verstorbene Gourmet-Koch Paul Bocuse. Der Innenminister Gerard Collomb schrieb: „Monsieur Paul, das war Frankreich!" In der Informationsindustrie versuchen einige ihrer Schöpfer und Propagandisten, die eigene Familie vor den Auswirkungen ihrer Produkte zu schützen. Bill Gates immerhin ließ seine Tochter erst mit 14 Jahren ihr erstes Handy haben und beschränkte zuvor konsequent die Zeit, die sie an Bildschirmgeräten verbringen durfte. Der Apple Pionier Steve Jobs sagte 2011 in einem Interview mit der New York Times, dass er seinen Kindern nicht erlaubt habe, die von ihm entwickelten Tablets zu nutzen (World Economic Forum).

Forscher haben nun die „unglaubliche, fürchterlich überraschende, innovative Entdeckung" gemacht, dass **Schüler** in der freien Natur wesentlich motivierter und besser lernen als im geschlossenen Klassenzimmer: Die Erforschung von Pflanzen, Klima und Böden im Freien steigert die Motivation von Schülern in naturwissenschaftlichen Fächern (Universität Mainz/TU München, Fachmagazin „Frontiers in Psychology"). Außerdem entwickelten sie bessere soziale Beziehungen untereinander und machten dabei wichtige Erfahrungen von Autonomie und Kompetenz. Nun hat man doch gerade in den Koalitionsvereinbarungen die totale Digitalisierung der Schulen und die Finanzierung der Perfektionierung der „**Massenschülerhaltung**" in geschlossenen „Wissensmastanlagen" beschlossen.

Herzliche Spätwintergrüße
Euer Team vom CSA Hof Pente

APRIL 2018

*Die Weisheit hat mich allmählich
im Laufe des Lebens gelehrt,
dass die Vorbereitung der Zukunft
nur im Begründen der Gegenwart besteht.
Und dass sich alle in Utopien und
Bestrebungen verzehren,
die fernen Bildern nachjagen,
den Früchten ihrer eigenen Erfindung.
Die einzige wahrhafte Erfindung
besteht in einer Entzifferung der Gegenwart,
ihrer unzusammenhängenden Seiten
und ihrer widerspruchsvollen Sprache.
Die Zukunft bauen
heißt die Gegenwart leben.*
      (Antoine de Saint Exupéry)

Anfang März gelang es der mild lächelnden Sonne, dem zitternden Väterchen Frost den Temperaturhebel aus der Hand zu nehmen und von 12° minus auf 12° plus umzuschalten. Schneeglöckchen, die seit Januar geduldig warteten, um ihre Weißröckchen in der Frühlingssonne entfalten zu können, lassen ihr zartes Kleidchen nun fesch im Wind erblühen. Schon folgen die himmelblauen Krokusse und die goldgelben Narzissen dem Farbentanz im Vorfrühlingswind. Vorwitzige grüne Grasspitzen prüfen die frische Märzenluft. Neugierige Bachstelzen wippen über den von Sauen frisch gepflügten erdig duftenden Acker. Eilige Wolken unterbrechen die noch schwachen Sonnenstrahlen.

Aber die schlummernde Kraft des Bodens beginnt sich zu recken und zu strecken.

Nun steht plötzlich **Ostern** vor der Tür. Traditionell wird dieses hohe Fest am ersten Sonntag, welcher dem Vollmond nach der Frühlings Tag-und-Nacht-Gleiche folgt, begangen. Die Osterwoche oder auch Karwoche, beginnt am Palmsonntag (Palmsönndag). Damit wird der Einzug von Jesus, auf einem Esel reitend, in Jerusalem gefeiert. Die palästinensischen Palmwedel wurden bei uns früher aus naheliegenden Gründen in der Prozession durch Buchsbaumzweige ersetzt .

Die **Wochentage** der Karwoche bekamen in unserem ländlichen Platt eine neue Bedeutung und auch eine neue Bezeichnung. Sprachgeschichtlich aus der heidnischen Zeit stammend, war der **Sönndag** der Sonne gewidmet,
der **Maundag** dem Mond,
der **Dingesdag** Thiu, dem obersten Lichtgott;
der **Goensdag** (auch Woensdag, verwandt mit dem englischen Wednesday) dem Gott Wotan (oder Neuplatt aus dem hochdeutschen rückübersetzt Middeweken);
Dönnerdag Donar, dem Gewittergott; (nicht zu verwechseln mit dem türkischen Döner-Tag)
Fridag der Göttin Freya, der Beschützerin von Herd, Haus und Hof;
Saoterdag war sowohl dem Saturn gewidmet, oder auch als Sabbattag zu verstehen.
Sie wandelten sich in der **Karwoche** zum leigen Maundag (bösen Montag), scheiwen Dingesdag (schiefen Dienstag), krummen Goensdag (krummen Mittwoch), Greundönnerdag (Gründonnerstag), stillen Fridag (Karfreitag), in manchen Gegenden paosken Saoterdag, bezogen auf das Passahfest. Warum Wochentage böse, schief und krumm sein sollen, hat sich mir nicht ganz erschlossen. Vielleicht ist es im Zusammenhang mit dem großen Arbeitsanfall zum Frühjahr, wie säen und pflanzen, dem Frühjahrsputz und den Ostervorbereitungen zu verstehen.

Spätestens am **Gründonnerstag** wurde der letzte Grünkohl verputzt, oder der erste Salat aus frischen grünen Kräutern genossen. Auf diesen Hintergrund bezieht sich das Grün wahrscheinlich nicht, sondern eher auf „greinen", eine Zwischenform von Weinen und Lachen und hat etwas mit Buße und Vergebung, Tod und Auferstehung zum Osterfest tun. Es ist auch ein direkter Bezug auf die Bibel gegeben, mit dem Wort, dass wir mit dem gemeinsamen Abendmahl „wieder zum grünen Holz", also spirituell fruchtbar, werden sollen (Lukas 23,31).

Ostern verdankt seinen Namen wohl der germanischen Göttin des Frühlings, der Fruchtbarkeit und der Morgenröte „Ostara". Es hat aber auch etwas mit dem nordgermanischen Wasserritus, der Taufe zu tun: „ausa" = gießen, „austr" = begießen.

Die Erde atmet Ende März Anfang April aus, wie Rudolf Steiner es formulierte:

„Die Seele ist noch halb in der Erde... die flutenden Seelenkräfte der Erde ergießen sich in den Kosmos hinaus". Diese Impulse begegnen der „Kraft des Sonnenlichts", das ihnen entgegenstrahlt. Schon die alten Mysterien bezogen die Impulse der Osterzeit auf den kosmischen Raum.

Auch die **Bienen** sind mit dem Frühjahrsputz beschäftigt. Leider mussten die ersten Spürbienen auf Ihrem Erkundungsflug unter Tränen feststellen, dass ein großer Teil der viel versprechenden Frühjahrsblüher an den Straßen und Wegrändern in diesem Winter radikal zurückgeschnitten wurden.

Die mehr als 10.000 Bienen eines Volkes beginnen nun, die Lichtenergie zu nutzen und den Stock auf über 40° auf zu heizen. Das Bienenwachs wird von ihnen nun in Form feinster durchsichtiger Plättchen ausgeschwitzt. Damit gestalten Sie Ihre etwa 40l große Volkswohnung. Die Wabenscheiben umfassen darin eine Oberfläche von etwa 2m². Die strukturgebenden sechseckigen Wabenflächen mit ihren etwa 100.000 Zellen haben sogar eine Gesamtoberfläche von über 50m² pro Volk. Nach der Innenausstattung beginnt die **Königin** Eier zu legen. Der Nachwuchs in Form schlüpfender Maden wird von den **Ammenbienen** mit Nahrung versorgt. Wenn die **Spürbienen** fündig geworden sind, zeigen sie den **Sammelbienen** mit eurythmischen Tänzen den Weg. Dabei können sie einen Radius von bis zu 3 Kilometern oder ein Fläche von etwa 2.000 Hektar beackern. Die Bienen legen mit ihrem GPS Navi ein „goldenes Vlies" über die Landschaft, eine innere Landkarte, welche in ihrer Genauigkeit wohl alle anderen Lebewesen übertrifft.

Nun ist die emsige Zeit des **Aussäens** und **Auspflanzens** gekommen. Nur unser Winterroggen hat sich schon bestockt und steht voller Saft und Kraft in den Startlöchern. Er benötigte für die **Vernalisation**, das ist die generative Phase (Ausbildung von Samen), einen Kälteimpuls. Das wollen wir beim Getreide erreichen, aber beim Gemüse, wie Blumenkohl oder Zwiebeln, verhindern. Es sei denn, wir wollten Samen gewinnen und damit züchten.

Geräteträger mit Pflanzmaschine und Wasserfass zum Gießen

Welche Stadien der **Entwicklung** können wir nun bei den **Pflanzen** beobachten?

Zunächst einmal die **Keimung**. Die ruhende Keimanlage wird in der Erde aktiv und entfaltet sich aus ihrem Vorratslager. Der Keimling orientiert sich zwischen der Kraft der Sonne gen Himmel und dem Wirken der Erde nach unten.

Nun schiebt der Keimling seine **Keimblätter** aus der Erde. Gräser, dazu gehört auch das Getreide, sind einkeimblättrig. Kräuter haben zwei Keimblätter. Diese geben der jungen Pflanze ihre Fähigkeit zu assimilieren, das Oberirdische aufzunehmen und das Unterirdische zu verwandeln, sich zu eigen zu machen. Der Samen stirbt, er ist das Tor zu neuem Leben, indem er mit seinem Impuls die Erde um sich verwandelt und in neuer Form aufersteht.

Beim Getreide sprechen wir nun als nächstes von der Phase der **Bestockung**. Ohne sie hätten wir nur grasartiges Raufutter statt Brotgetreide.

Wenn alle Blätter und Ährenanlagen am Vegetationspunkt des knapp über dem Boden liegenden Halmgrundes vorgebildet sind, kann das **Schossen** beginnen.

Der Abschluss der Gestaltbildung ist mit der **Blüte** erreicht. Beim Roggen sind in dieser Phase beeindruckende Pollenwolken über dem Getreidemeer zu sehen.

Jetzt beginnt die eigentliche Phase der **Fruchtbildung**, welche die Kulturpflanze aus der Wildpflanze heraushebt. Hier zeigt sich, was die Bauern in züchterischer Arbeit seit Jahrtausenden erarbeitet haben.

Geduld ist für den **Ausreifungsprozess** nötig, damit das von unten Heraufentwickelte (Eiweiß) und das von oben sonnenhaft Hineingebildete (Kohlenhydrate) eine ideale geschmackliche Komposition ergeben.

In der konventionellen Landwirtschaft ist man häufig nicht mehr bereit, diese Geduld aufzubringen und **vergiftet** die Pflanze mit dem Pflanzen"schutz"mittel Glyphosat zur Abreifebeschleunigung (Sikkation).

Wir sollten künftig diesen perversen Begriff (…"schutz"mittel) für **Pestizide** meiden, ebenso wie wir den Begriff „Sonderbehandlung" oder „Endlösung" seit der Pervertierung im Nazi-Reich nicht mehr unbefangen benutzen können.

Motiviert durch den Glyphosatagenten Bundeslandwirtschaftsminister „Soisser-der-Schmidt" und das skandalöse Interview mit dem Leiter des Bundesinstituts für „Risikovernebelung" (BfR) haben wir (Martina & Johannes) zwei

Leserbriefe an die NOZ verfasst, wobei einer gekürzt und der zweite gar nicht erschienen ist. (Für Interessierte im Anhang)

Ein sonderbares **Giftgas-Attentat** wird derzeit genutzt, um das West-Ost-Verhältnis in gefährlicher Weise anzuheizen. Wir sollten alles tun, um nicht schlafwandelnd in ein neues 1914 hineinzugeraten. Wir wissen aus der historischen Erfahrung auch: Das erste, was im (Propaganda)-Krieg stirbt, ist die **Wahrheit**. In Desinformationskampagnen ist die Zusammenarbeit der Geheimdienste der „big five" (GB, USA, Kanada, Neuseeland, Australien) sehr eng. Um die Hintergründe bei derartigen Ereignissen zu beleuchten, hilft in der Regel die gute alte Frage „cui bono?" (Wem nützt es?) weiter.

Putin sicher nicht! Er benötigte dieses Attentat nicht für seine Wiederwahl. Aber es schadet seinen außenpolitischen Ambitionen. Und es gefährdet die Fußballweltmeisterschaft, in die Russland enorm investiert hat. Dagegen stärkt es die britische Premierministerin, die politisch in der Krise ist. Und es lenkt von der Tatsache ab, dass ein Mitglied der NATO, die Türkei, unter klarem Bruch des Völkerrechts, wie der Gesetzgebungs- und Beratungsdienst des Deutschen Bundestages feststellte, einen Angriffskrieg gegen Syrien führt. Unter massiver deutscher Beteiligung, mit Panzern und Granaten aus deutscher Produktion und Luftaufklärung der Bundesluftwaffe. Was wird in solchen Situationen immer wieder gern genommen? Zur Ablenkung der Medien und Menschen ist „Krieg" nach dem Motto: *„Haltet den Dieb!"* ein probates Mittel. Man gönnt sich ja sonst nichts.

Um den **Vietnamkrieg** auszuweiten, erfanden die USA einen Angriff von nordvietnamesischen Fischerbooten auf die US-Kriegsschiffe im Golf von Tonking. Für die Rechtfertigung des 1.**Irakkrieges** beauftragten sie eine argentinische Werbeagentur mit der Inszenierung von Bildern, wo angeblich irakische Soldaten Babys einer Frühchenstation in Kuwait auf den Boden warfen. Beim 2. Irakkrieg erfand man angebliche Giftgaslager im Irak, vor denen man sich schützen müsse. Und was die angebliche russische Herkunft der Chemikalien betrifft: In Afghanistan rüsteten die USA die Taliban mit chinesischen Waffen vom

Schwarzmarkt aus. Für die Ausrüstung der Islamisten in Syrien kauften die US-Geheimdienste russische Waffen auf dem Balkan (SZ 12.9.17) und lieferten sie via Deutschland. Merkwürdig nur, dass diesmal das geheime Chemiewaffenzentrum der britischen Regierung, Porton Down, in unmittelbarer Nähe von Salisbury, dem Anschlagsort, liegt (Der Spiegel 12/2018).

Wie sehr die konventionelle **Monokultur-** und **Giftlandwirtschaft** die **Kommunikation** der Pflanzen veränderte, hat die Schweizer Biologin und Chemikerin *Florianne Koechlin* herausgefunden (FR 17/18.3.2018). Eine **vielfältige** Pflanzenwelt ist nötig, um über das unterirdische Mykorrhizanetz (Geflecht von Wurzeln und Pilzfäden) Nährstoffe, Wasser und Informationen auszutauschen. Bei Monokulturen, wie z.B. Maisplantagen, ist es den Pflanzen nicht mehr möglich, ein System, das gegenseitig vor Schädlingen warnt und Nützlinge anlockt, aufzubauen. Dafür besprüht man die **Pflanzen** von unten bis oben mit Pestiziden. Sie werden **Autisten**.

Unser konventionelles **Bildungssystem,** das eigentlich **Weitblick** entwickeln sollte, macht **kurzsichtig**. Vor Jahrzehnten hatte man bereits in der Sowjetunion beobachtet, dass bei den Kindern der nomadischen Völker Sibiriens massenhaft Kurzsichtigkeit auftrat, sobald sie die Weite des Horizonts verloren und Schulen in geschlossen Räumen besuchten.

Man führte dieses auf den Verlust an Sehherausforderungen im Vergleich mit der perspektivwechselreichen Taiga und Tundra zurück. Eine Untersuchung der Universität Mainz hat herausgefunden, dass mit jedem Schuljahr das Risiko für Kurzsichtigkeit steigt (Oya 3-4 2018). In Europa und den USA sind mittlerweile mehr als 50% der Schulkinder kurzsichtig; in Japan und China 80 bis 90%. Der Augenmediziner Wolf Lagreze stellte fest: „Je mehr sich ein Kind im Tageslicht aufhält, desto höher ist der Dopaminspiegel in seiner Netzhaut." Das schützt vor dem Verlust des Sehvermögens. Ursache scheint die zehn- bis hundertfache Lichtmenge in der freien Natur im Vergleich zu Klassenräumen zu sein. Das spricht für Waldkindergärten und Hofschulen, denn nur kurze Pausen haben keinen Heilungseffekt.

Der eigenartige Hang zur **Beschleunigung** bestimmt immer mehr unser Leben. Statt zu genießen, scheint es wichtig zu sein, etwas schnell hinter sich zu bringen. Die Schrittgeschwindigkeit der Menschen in deutschen Städten hat zwischen 1994 und 2009 um 10% zugenommen. Selbst in der Musik ist diese Tendenz zu finden (fairkehr, Ausgabe 3/2008). Während Beethoven für seine 3. Symphonie noch eine Stunde vorgesehen hat, wird sie heute in 42 Minuten heruntergespielt.

Wenn wir diesen Trend auch bei uns bemerken, ist vielleicht der richtige Zeitpunkt gekommen, ein paar Dinge von der „To-do-Liste" auf die „Was-solls-Liste" zu setzen.

In diesem Vegetationsjahr haben wir wieder **Nackthafer** angebaut. Wenn uns dieser Freikörperkulturhafer gelingt, dürfte der Haferflockenanteil in vielen Müslis gesichert sein.

Trotz der drohenden Schweinepest wollen wir, so lange es geht, die **Schweinehaltung** im Freiland weiter ermöglichen. Ein Mast-schwein ist natürlich kein „must-have", schon gar nicht für Vegetarier.

Durch den unermüdlichen Einsatz von *Elena* - unterstützt von weiteren engagierten Hofbewohnern - ist das Arbeitspferdegespann in vollem Training. Acker und Weide werden abgeschleppt, ausgerissene Kohlstrünke abtransportiert, Saaten geeggt.

Unsere Auszubildender *Jabar* hat von seiner Familie in Afghanistan eine bittere Nachricht bekommen. Sein Bruder ist während seines Dienstes als Polizist von den Taliban entführt und höchstwahrscheinlich erschossen worden (siehe auch Spiegel online vom 13.3.2018). Ein anderer Bruder von ihm erlitt vor einiger Zeit ein ebenfalls schweres Schicksal. Er fuhr mit seinem Polizeimotorrad auf eine Mine der Taliban. Durch die Explosion wurde ihm ein Bein abgerissen. *Jabar* selbst lebt in der permanenten Angst vor Abschiebung, weil sein Heimatland nach Ansicht der Bundesregierung als sicheres Herkunftsland gilt.

Albert schließt Ende März seine Ausbildungszeit im Waldkindergarten und in der Landwirtschaft ab. Mit seiner freundli-

chen und hilfsbereiten Art hat er die Herzen aller Bewohner und insbesondere der Kinder gewonnen. Seine Arbeit auf unserem Hof hat ihn motiviert, ein ähnliches Projekt auf seinem Hof im Emsland zu starten. Wir danken ihm für seinen jedem-Wetter-trot-

zenden Einsatz und wünschen ihm viel Glück für seine sich abzeichnende, „kinderreiche" Zukunft.

Herzliche Frühlingsgrüße
Euer Team vom CSA Hof Pente

Kaisermantel-Männchen auf Brombeere

MAI 2018

Wenn die Börsenkurse fallen,
regt sich Kummer fast bei allen,
aber manche blühen auf:
Ihr Rezept heißt Leerverkauf.
Keck verhökern diese Knaben Dinge,
die sie gar nicht haben,
treten selbst den Absturz los,
den sie brauchen - echt famos!
Leichter noch bei solchen Taten
tun sie sich mit Derivaten:
Wenn Papier den Wert frisiert,
wird die Wirkung potenziert.
Wenn in Folge Banken krachen,
haben Sparer nichts zu lachen,
und die Hypothek aufs Haus heißt,
Bewohner müssen raus.
Trifft's hingegen große Banken,
kommt die ganze Welt ins Wanken
– auch die Spekulantenbrut
zittert jetzt um Hab und Gut!
Soll man das System gefährden?

Da muss eingeschritten werden:
Der Gewinn, der bleibt privat,
die Verluste kauft der Staat.
Dazu braucht der Staat Kredite,
und das bringt erneut Profite,
hat man doch in jenem Land
die Regierung in der Hand.
Für die Zechen dieser Frechen
hat der Kleine Mann zu blechen
und - das ist das Feine ja –
nicht nur in Amerika!
Und wenn Kurse wieder steigen,
fängt von vorne an der Reigen –
ist halt Umverteilung pur,
stets in eine Richtung nur.
Aber sollten sich die Massen
das mal nimmer bieten lassen,
ist der Ausweg längst bedacht:
Dann wird ein bisschen Krieg gemacht.

(Kurt Tucholsky zugeschrieben, veröffentlicht 1930 in "Die Weltbühne")

Der April, der weiß nicht, was er will, so heißt es. Aber in diesem Jahr umschmeichelte er uns zumindest zeitweise mit der zärtlichen Dimension des Universums. Sonnenzauber trieb die Pflanzen zur frühen Blüte. Blütenblätter ließ er wie Schneeflocken auf uns herabschweben. **Schönheit** ist die Form, in der der Mensch die Welt am liebsten erkennen möchte. Und endlich spürt man wieder die Lebenskraft, die in der ganzen Natur steckt. Als Wonnemonat wird der Mai aus nachfühlbaren Gründen gern bezeichnet. Aber der Name stammt vom althochdeutschen „Winnimond", dem Weidemonat.

Nachdem der Nachwuchs geboren ist, kann er sich mit dem Weideauftrieb stärken. 15 kuschelige rotbraune **Lämmchen** tollen sich im saftigen Grün und boxen mit ihren zarten Schnäuzchen in die Euter ihrer Mütter, um den köstlichen Milchfluß anzuregen. Sagt das Schaf zum Lämmchen „mäh!" antwortet es noch mit „nö!"

Ein Gartenstück trägt noch heute die alte Bezeichnung „**Maienwiese**". Die dem Mond zugeordneten „Monate" hatten früher noch naturnähere Bezeichnungen. Der „Hartung" war der Januar, in dem noch die Härte des Winters herrschte und in dem (hartes) Holz geschlagen wurde. Im „Hornung" (Februar) warf der Rothirsch sein Geweih ab. Im Lenzmond (März) kündige sich der Frühling an. Und der April wurde auch Ostermond genannt.

Der Mai wurde möglicherweise nach dem römischen Gott „Maius", dem Beschützer des Wachstums benannt, oder aber auch der Göttin „Maia" zugeordnet, die nach der Christianisierung zur „Gottesmutter Maria" und der „Maienkönigin" wurde. Auch heute kann man den Frühling unterschiedlich wahrnehmen. Sagt sie verträumt: „Schatzi, hörst du die Grillen?" so antwortet er: „Ich rieche, die grillen. ..." Die Hühner genießen die saftigen Frühlingskräuter und beschenken uns derzeit mit großen leckeren Eiern.

Ein zarter Kräuterduft entströme dem **Frühstücksei**, wie ein Mitglied sagte, der den Unterschied ausmache zu den Eiern aus der Massentierhaltung, bei denen noch ekelige Moleküle von Kot und Urin zu riechen seien.

Recht spät, am 26. März, konnten wir in diesem Jahr die vorgekeimten **Frühkartoffeln** legen, so dass wir kaum vor Anfang Juli die ersten Babyknollen ernten können. Aber keine Bange, der reichliche Lagerkartoffelvorrat ist, wenn auch knapp, dem Winterfrost entgangen und schmeckt noch hervorragend. Die **Arbeitspferde** sind dank des aktiven Teams unter der motivierenden Regie von *Elena* fast täglich im Einsatz und probieren die unterschiedlichen Arbeitsgeräte (Netzegge, Radhacke, Vielfachgerät, Häufelpflug, Drillmaschine...) im neuen Gartenanbaujahr aus. Die Pferde bekamen nicht nur neue Hufeisen, sondern auch Besuch von einer Dentistin. Nach einer Beruhigungsspritze wurde eine Maulsperre eingesetzt und die Zähne da, wo es für die Tiere wohltuend ist, nachgeschliffen. Dabei konnte man die beeindruckenden Zahnkiefer der Tiere bewundern, die einen Kaudruck von über 1000 kg erreichen können! Ein Warnhinweis an alle diejenigen, welche die Pferde füttern möchten: besser arm dran als Arm ab.

Lotte beim Dämme nachziehen mit dem norwegischen Vielfachgerät TROLL

Einige **Lobbyisten** der Massentierhaltungs- und Chemielandwirtschaft haben sich eine neue Strategie überlegt, die fast sprachlos macht. So fordert die neue niedersächsische Landwirtschaftsministerin, der Tierschutzorganisation

PETA die Gemeinnützigkeit zu entziehen, da sie Missstände durch illegale Dokumentationen aufzeige, aber die Bauern nicht schnell genug anzeige und damit das Leiden der Tiere weitergehe (NOZ vom 23.4.2018). Die Ministerin lenkt mit der Methode „haltet den Dieb" von ihrer Verantwortung für diese Haltungsformen und mangelnden Kontrollen ab und schiebt sie den Tierschützern zu, die sie gleichzeitig einschüchtern will. Tolle Sache! In ähnlicher Weise geht eine neue Argumentation in der Pestizidlandwirtschaft um: Ökolandwirtschaft sei unverantwortlich, da sie den Verbrauchern vorgaukele, dass diese ihnen völlig pestizidfreie Lebensmittel garantieren könne. Das sei allein schon durch die **Abdrift** der Pestizide von den konventionellen Feldern durch den Wind nicht mehr gegeben. Vor Jahren lautete das Argument der gleichen Kreise noch umgekehrt, die Ökobauern sollten sich nicht so aufregen. Bei guter fachlicher Praxis sei die Abdrift kein Problem. Jetzt hat es die Pestizidlobby es geschafft, über die neue **EU-Ökoverordnung** die Ökobauern in die Mangel zu nehmen: Diese sind nun voll haftbar, wenn durch die neuen, immer genaueren Untersuchungsmethoden, auch nur Spuren von Pestiziden auf Ökowaren zu finden sind. Der Ökobauer wird nun in einer Beweislastumkehr als Opfer gezwungen, mögliche Täter ausfindig zu machen und nachzuweisen, dass er mit allen infrage kommenden Landwirten Vereinbarungen über deren möglichen Pestizideinsatz getroffen hat. Ein völlig unmögliches Unterfangen, da das Abdriftproblem nicht einmal ansatzweise wissenschaftlich geklärt ist und durch dieses Vorgehen Krieg in die Dörfer getragen wird (Ökologie & Landbau 2/2018). Aber die feige Politik hat durch dieses Täuschungsmanöver ihr Ziel erreicht, sich vor dem Verbot giftiger Chemikalien herumzudrücken und gleichzeitig verbraucherschutzfreundlich dazustehen. Und wer wird bei dieser Risikosituation schon noch guten Gefühls seinen Kindern die Umstellung auf Ökolandbau empfehlen wollen („mission accomplished" würden Bush und Trump be(-ent)-geistert rufen). So ermutigt geht **Monsanto** noch einen Schritt weiter. Der Pestizidkonzern hat nun die Umweltschutzorganisation **Avaaz**, welche mittlerweile 4 Millionen Unterschriften gegen das wahrscheinlich krebserregende Agrargift Glyphosat gesammelt hat, verklagt. Sie soll auf Anordnung eines US-amerikanischen Gerichtes die persönlichen Daten aller Unterstützer herausrücken und

„jede private E-Mail, Notiz oder Aufzeichnung, in der Monsanto erwähnt wird, aushändigen" (Publik Forum Nr. 5/2018). Hintergrund ist, dass sich in Kalifornien hunderte Krebsopfer zusammengefunden haben, die Glyphosat für ihre Erkrankung verantwortlich machen (auch das Multiple Myelom, was mich persönlich betrifft, wird im Internet genannt), um gerichtlich gegen ihre Verursacher vorzugehen. Auch die EU-Kommission ist durch die Unterschriftenaktion um ihren schlechten Ruf besorgt, weil sie zugeben musste, dass sie bei der Zugrundelegung der Zulassungsentscheidung für Glyphosat nur positive monsantogenehme Studien berücksichtigt hatte und andere leider zufällig unter den Tisch gefallen waren. Auch gegen die beiden belgischen Schrottatomreaktoren (Tihange und Doel) unternehmen weder die Bundesregierung noch die EU-Kommission irgendetwas. Die belgische Regierung hat immerhin für ihre Bevölkerung einige Millionen **Jodtabletten** bestellt. Wir müssen uns wohl mit „Trill" (mit Jod S 11 Körnchen) für Wellensittiche aus der Tierhandlung begnügen. Im Ernstfall wäre bei uns der Nahrungsmittelanbau für Generationen erledigt, so das Ergebnis des jüngsten wissenschaftlichen Kongresses zu diesem Thema. Tschernobyl und Fukushima lassen grüßen.

Derweil befasst sich unsere Weinkönigin Julia Klöckner (CDU), die zu allem Überfluss auch noch zur Landwirtschafts- und Verbraucherschutzministerin abgestiegen ist, mit wichtigeren Themen als Pestizidverbot und Artenschutz angesichts des dramatischen Rückganges von Insekten und Singvögeln oder der Förderung des Ökolandbaus. Nämlich mit der Förderung der **Zuckerlobby**:

Als eine ihrer ersten Amtshandlungen liest sie presseöffentlich aus einem vom Zuckerplörrehersteller Coca Cola geförderten Machwerk vor, dass der zunehmende Zuckerberg in der Nahrung keinesfalls gesundheitlich problematisch ist und wir deshalb auch keine wirksame Verbraucheraufklärung auf den Produkten (wie jetzt in GB vorgeschrieben) brauchen.

Ein anderer **Zuckerberg** wird von der Politik höflichst eingeladen, um scheinzerknirscht sein Geschäftsmodell vorzustellen, von dem er lebt, weiter gut leben wird und auf den die Politik immer mehr angewiesen sein möchte, um die Menschen vom selbständigen Denken abzuhalten und gewünschte Wahlergebnisse mit Zuckerbrot statt Peitsche einzukaufen. Oder glaubt irgendwer, Löwen zu Vegetariern machen zu können oder dass Zitronenfalter Zitronen falten? Es sei denn, die Bevölkerung beschert diesem Zuckerberg und seinem Fakebuch ein finanziell lösliches Starkregenereignis.

Fast geht vor lauter wichtigen Themen, wie Fußball und Bayerntrainer, ein so unwichtiges Thema wie der Klimawandel unter. Dabei stellen die Klimaforscher entsetzt fest, dass die schlimmste Variante, die mir bereits vor 22 Jahren! der damalige Umwelt- und Landwirtschaftsminister Brasiliens Jose Lutzenberger erläuterte, eingetreten ist. Der **Golfstrom**, unsere nordeuropäische Zentralheizung, **verlangsamt** sich messbar (NOZ vom 12.4.2018). Sein Ausbleiben würde in relativ kurzer Zeit einen Eispanzer bei uns zur Folge haben. Vielleicht sollten wir uns bei unseren afghanischen Gästen rechtzeitig bemühen, um demnächst freundlich in ihrer Ursprungs-Heimat aufgenommen werden zu können.

Eine tolle Besetzung haben sich die Satiriker in der Politik beim Grokodeal in der Besetzung des Finanzministeriums mit Olaf **Scholz** (SPD) ausgedacht. Er hat ja schließlich als verantwortlicher Aufsichtsrat bei der **HSH-Nordbank** gezeigt, wie man in kürzester Zeit rund 10 Milliarden Euro auf Kosten der Bürger versenkt und umverteilt. Und weil ein Bock als Gärtner wohl noch nicht reicht, wurde mit Jörg Kukies der Vizechef von Goldman Sachs Deutschland zum Finanzstaatssekretär ernannt. (Cookies spionieren einen aus und man wird sie schlecht wieder los).

Wir erinnern uns? Diese Heuschrecke hat zusammen mit anderen Finanzhaien und Ratingagenturen wie Standard & Poor´s (ihr Standard ist, wie der Name schon bedrohlich erkennen lässt, Armut zu erzeugen) die „**Griechenlandrettung**" vielmehr "-opferung" betrieben.

Stufe 1: Die Währung und Staatsanleihen Griechenlands wurden systematisch zu hoch bewertet. Stufe 2: Griechenland wurde in die Eurozone aufgenommen. Stufe 3: Die Finanzhaie erwetteten sich mit dem Insiderwissen auf den Verfall des Wertes der Staatspapiere eine goldene Nase. Stufe 4: Als sie zum Teil bis zum 20zigstel ihres ursprünglichen Wertes gesunken waren, kauften sie diese zum Spottpreis auf. Stufe 5: Jetzt wurde ganz schnell zum Schutz der Spekulanten von der Politik ein hunderte Milliarden teurer sogenannter

Eurorettungsschirm aufgespannt. Dieser kaufte den Spekulanten die entwerteten griechischen Staatspapiere zum Nominalwert auf Kosten des Steuerzahlers ab. Stufe 6: Nun konnten sich die Profiteure (von der Schloßallee) mit dem Profit (z.T. über 1000%) dem griechischen Staat, wie bei Monopoly bekannt, profitable Bereiche (Wasserversorgung, Seehäfen, Flughäfen...) billig unter den Nagel reißen. Stufe 7: In der Folge musste sich der griechische Staat massiv verschulden, die Renten wurden gekürzt, das Gesundheitswesen ruiniert... Stufe 8: Das Feindbild „fauler Grieche" wurde systematisch von der Blödzeitung bis hin zum Spiegel, in dem es sonst vor lauter political correctness im Laufställchen für Sprachgouvernanten kein „Zigeunerschnitzel" mehr geben darf, aufgebaut. Und das von einem Land der „Griechenlandretter", welches neben der totalen Ausplünderung dieses Landes den gesamten griechischen Staatsschatz im II Weltkrieg geraubt, aber nie zurückgegeben hat (Dazu der neue Dengler Krimi „Der neunte Fall").

Ach ja und dann ist dem damaligen EU-Chef Barroso zum Dank für den Clou von den Bankstern noch ein vergoldeter Lebensabend als Goldman Berater beschieden worden.

Früher hieß es wohl, was interessiert es uns, wenn in China ein Sack...halt, jetzt Plastik, umfällt? Nun, da die Chinesen unseren **Plastikmüll**, pro Jahr so viel wie ein Güterzug, der 10-mal um die Erde reicht, nicht mehr abnehmen wollen, kommen sogar die Plastiklobbyisten ins Grübeln. „Plastik to go is out!"

Und wo bleiben die guten Nachrichten?

CSA Mitglieder kommen weitgehend ohne Plastikverpackungen aus. Und vielleicht gibt es für die Osnabrücker CSA-Freunde ja bald eine dauerhafte Zusammenarbeit mit der Ladeninitiative **„Unverpackt"** im alten „Hannoverschen Bahnhof" von Osnabrück.

Das ehemalige Königreich, der jetzige Bundesstaat Indiens, **Sikkim**, will zu 100% seine Landwirtschaft auf Bio umstellen. Der neue und alte Bundesentwicklungshilfeminister Müller (CSU) begrüßt dies als Modell und will zusammen mit den kirchlichen Entwicklungshilfeorganisationen „Misereor" und „Brot für die Welt" eine eher kleinbäuerlich strukturierte Agrarentwicklung in der sogenannten „Dritten Welt" fördern.

51

Dank der großartigen Initiative unserer Mitglieder *Anja* und *Oliver* ist unsere CSA zu einem dem Hauptabnehmer des hervorragenden, vorbildlich angebauten und gesegelten **Teikei Kaffees** geworden. Dafür vielen Dank!

Außerdem auch großen Dank an *Steffen*, der das Depot Hellern vor einem Jahr initiiert hat. Nun regelt er vorerst auch die Organisation der Mitglieder, die sich am Depot „Tara unverpackt" beteiligen.

Unsere Hofschulmitarbeitenden *Clara* und *Felix* wollen nun gemeinsam als Familie Bach Blüten treiben und haben in einer idyllischen Hofhochzeitsfeier in der Jurte ihre Zukunft besungen und betanzt.

Herzliche Frühlingsgrüße,

Euer Team vom CSA Hof Pente

Grubbereinsatz mit Bamse und Lotte

JUNI 2018

„Die kapitalistische Produktionsweise stört den Stoffwechsel zwischen Mensch und Erde, sie entwickelt die Technik und die Kombination des gesellschaftlichen Produktionsprozesses, indem sie zugleich die Springquellen des Reichtums untergräbt: die Erde und den Arbeiter." (Karl Marx 1867, *1818)

„Freut euch nicht allzu sehr eurer Siege über die Natur. Für jeden dieser Siege rächt sie sich." (Friedrich Engels 1820-1895)

Ach, der lieblich sonnige Frühling hatte sich schon so gedankenverloren und gemütlich eingerichtet, dass er zunächst eine wichtige Bauernregel vergaß: „Ist der Mai kühl und nass, füllt er dem Bauern Scheuer und Fass." Die intensive Kraft der Frühlingssonne bringt die Säfte der Pflanzen so in Wallung, dass die Wurzeln dem Mutterboden sehr viel Feuchte entziehen, die er nur mit Mühe nachliefern kann, wenn ein gut verteilter Nachschub ausbleibt. Daher ist es besser, wenn die Natur in dieser umtriebigen Zeit einen kühlen Kopf behält und das Wetter hin und wieder durch einen erfrischenden Guss die durstigen Pflanzenkehlen erfrischt.

Sauberes **Wasser** wird zunehmend ein kostbares Gut. Es wird immer teurer, weil die Verbraucher die versteckten Schäden der Chemielandwirtschaft und Massentierhaltung bezahlen müssen. Nämlich die erhöhten **Kosten** der Wassergewinnung und -aufbereitung als Folge der Pestizide und Nitrate im Grundwasser. Wenn es gerecht zuginge, müssten diese Kosten direkt in die Preise der konventionellen Landwirtschaft eingepreist werden. Ein kg Rindfleisch verbraucht bei der konventionellen Mast rund 15 000 Liter Trinkwasser! Allerdings ist **Trinkwasser** in Deutschland noch ein relativ sicheres Gut, das laufend auf seine Qualität überprüft wird. Stilles Wasser bzw. Tafelwasser in (womöglich sogar Plastik-) Flaschen zu kaufen ist daher völlig unsinnig. (Ist nichts für Männer – sind Weichmacher drin) Einer unserer Nachbarn war viele Jahre bei einem Abfüllkonzern in Osnabrück tätig, wo das öffentliche Stadtwerkewasser in Flaschen abgefüllt, mit einem schönen Etikett versehen und kistenweise verkauft wird. Nicht genug, dass der Kunde statt der 2 Euro pro 1000 l nun 500 Euro für die gleiche Menge bezahlt. Er muss das mittlerweile abgestandene und durch negative Umweltfolgen (Transporte, Abfüllanlagen, Reinigungsmittel) belastete Nass auch noch unkomfortabel in seine Wohnung schleppen, statt es frisch aus dem Hahn zu zapfen. Die Initiative „a tip: tap" (etwa: Ein Tipp: Leitungswasser) setzt sich daher für öffentliche Trinkbrunnen ein, um so zum Umwelt- und Klimaschutz beizutragen (www.atiptap.org).

Auch unsere **Bienen** brauchen Wasser. Sie holen es aus unseren hofeigenen Feuchtbiotopen, indem sie sich an Böschungssteinen oder Schilfgräsern festhalten und mit ihren Rüsseln wie Elefäntchen das Wasser einsaugen. Man muss also nicht unbedingt in den namibischen Etoscha Nationalpark fahren, um solch wundersame Beobachtungen zu machen. Übrigens Wunder: ist es nicht unglaublich, dass aus der intensiven Begegnung von zwei flüchtigen Gasen (Wasserstoff und Sauerstoff) die Grundlage des Lebens (H_2O) entsteht und dabei noch eine enorme Menge an sauberer Energie frei wird? (Wird allerdings von Automobilherstellern weitgehend ignoriert). Ist es nicht auch erstaunlich, dass nach Rind und Schwein die winzige Biene volkswirtschaftlich das drittwichtigste Nutztier ist? Die Bedeutung ihrer **Bestäubungsleistung** übersteigt den Wert ihrer Honigerzeugung um das 15fache. Zwar sind die Windbestäuber wie Roggen, Weizen, Reis und Mais nicht so sehr auf die Bienen angewiesen, aber Obst und Gemüse – rund 80% aller Kultur und Wildpflanzen. Die Bienen sorgen nicht nur für höhere Erträge, sondern auch für exzellenten Geschmack und für größere, schönere Früchte. Beim Apfel steigt z.B. die Fruchtbildung von 10 auf 65%, bei der Erdbeere von 59 auf 80% (Deutsches Bienenjournal). Gedenken wir also beim wohlschmeckenden Biss in Apfel und Erdbeere der Biene. Sie ist „really a good Dealmaker". Pollen gegen Nektar. Woran kann man bestäubte Kastanienblüten erkennen? Sie verfärben sich von gelb zu rot.

Jonas deckt die Kulturschutznetze ab

Wie bedroht unser **Wasserplanet** Erde ist, kann derzeit am Großen Barrier Riff vor Australiens Küste abgelesen werden. Weil diese wunderschönen Korallenriffe durch die Abwässer von Australiens Intensivlandwirtschaft und dem Kohlentagebau sterben, könnten sie den Status als Weltnaturerbe verlieren und den Klimawandel beschleunigen.

Das Frühlingswetter hat uns im Mai die gute Ernte von 40 Großballen **Kleegrassilage** als Raufutter für unsere Tiere im nächsten Winter ermöglicht.

Leider erlitten wir frühzeitig ungebetenen Besuch vom **Kartoffelkäfer**. Edel gekleidet mit schwarzgelbgestreiftem Frack wie ein Finanzdienstleister, der was auf sich hält, kommt er daher. Aber wenn er stiften geht, bedeutet das Unheil. Ab Anfang Mai beginnt er zu fliegen und bestiftet die Blattunterseiten mit Paketen von jeweils 20 – 80 längsovalen gelborangenen Eiern. Ein Weibchen kann 400 – 800 Eier legen. Je nach Witterung schlüpfen die Larven nach 3 -8 Tagen. Sie sind in der Lage, den Kartoffelbestand innerhalb kurzer Zeit zu vernichten, indem sie die grünen Pflanzen ratzekal abfressen. Die fetten Gangster häuten sich dreimal, bis sie sich in ihrem Untertagwerk 30 cm tief im Boden 2 – 4 Wochen lang verpuppen, bevor sie als adulte Käfer nach einer weiteren Woche Anfang Juli in der 2. Generation ihre gefährliche Familientradition fortsetzen. Dieser Käfer (leptinotarsa decemlineata), wegen seiner Herkunft auch Coloradokäfer oder Amikäfer genannt, wurde als Folge der frühen Globalisierung, erstmals 1877 auf dem europäischen Kontinent in den Häfen von Rotterdam und Mülheim gesichtet. Wegen seiner verheerenden Wirkung wurde er auch Mittel des politischen Propagandakrieges. Die DDR beschuldigte den US-Geheimdienst CIA, diese Käfer als biologische Waffe einzusetzen, indem sie aus der Luft über ihre Felder abgeworfen würden. Dass dieses prinzipiell möglich ist, stellte die deutsche Luftwaffe 1943 in einem Versuch fest, bei dem sie 14 000 gezüchtete Kartoffelkäfer aus 8 000 m Höhe in Speyer abwarf. Sie überlebten! 1935 wurde der Kartoffelabwehrdienst (KAD) des Reichsnährstandes gegründet mit dem Motto: „Sei ein Kämpfer, sei kein Schläfer, acht' auf den Kartoffelkäfer!" Man hatte damals größere Angst vor dem Insekt als vor dem „Erbfeind" und gründete 1936 die deutsch-französische Arbeitsgemeinschaft gegen den Kartoffelkäfer.

In einer spontanen **„Kartoffelkäfer-task force"** (jetzt geht's dem Pack an den Frack) haben sich unsere Garten- und Bauernteams zusammen getan, um unseren kostbaren Kartoffelbestand eigenhändig vor der völligen Vernichtung zu retten. Arsen, DDT und Lindan erschienen uns als nicht so leckere Alternative.

Die Fahrzeughersteller verlocken uns derzeit mit allerlei angeblich „innovativen" Techniken, um uns von den Vorzügen der elektronischen Entmündigung zu überzeugen. Dabei sind bei näherem Hinsehen viele dieser Fähigkeiten von der Natur entwickelt worden, ohne diese zu zerstören.

Allerdings erfordert die Nutzung dieser natürlichen Fähigkeiten als Fertigkeiten einen Prozess des gegenseitigen Lernens und Übens. Nehmen wir die Potenziale unserer Pferde:

1. Biomasseantrieb (auf Wunsch vegan)
2. Haferdirekteinspritzung zur Leistungssteigerung optional
3. Allhufantrieb
4. 3-Gangautomatik (4-Gangautomatik Typ „Island" oder „Tölt" als Sonderausführung erhältlich)
5. Dynamische Hufwerkskontrolle
6. Spracherkennung (mit Intensivtraining)
7. Lernfähige Lenkassistenz
8. Emotionale Gefahrwahrnehmung
9. Fliegenabwehrausrüstung System „Schweif"
10. Soundsystem Marke „Wiehern"
11. Vollfellausstattung „Sommer/Winter – Spezial"
12. Müdigkeitserkennung
13. Gepäckträger optional

Ich glaube, der liebe Gott ist ein ganz witziger Bursche, sonst würde er keine so komischen Sachen machen.

Übrigens findet vom 15. – 17. Juni auf dem CSA-Hof Pente ein „Grundkurs Arbeitspferde" nach den Ausbildungs- und Prüfungsrichtlinien (APRI) statt.

Nach dem Motto „Schrott to go" widmen wir uns derzeit in der Werkstatt verstärkt den Eisenkomposthaufen des Hofes. Maschinenreste erleben ihre Auferstehung und Transformation als nützlicher Beetgrubber oder Pferdegeschirrwagen. Wir feiern also nicht nur „happy old Iron", auch unser afghanischer Azubi Jabar ist glücklich über die experimentellen Möglichkeiten – „die Welt als Wille und Vorstellung" (Nietzsche) zu sehen.

Jabar bei der Konstruktion eines Beetgrubbers in der Hofwerkstatt

Ein interessantes Technikprojekt zur CO 2 - Vermeidung will unser Mitglied Pallmeyer aus Bramsche in unserer Werkstatt realisieren. Den Bau eines großen Lastenanhängers mit eigenem Elektroantrieb fürs Fahrrad. Auch zur Depotversorgung geeignet (im www. Carla Cargo). Bei einem erfolgreichen Probelauf wollen wir die Erfahrungen allen Mitgliedern zugänglich machen.

Der irrlichternde deutsche Außenminister lässt kaum ein Giftnäpfchen aus, um die gefährliche internationale Situation zuzuspitzen. Ein Besuch bei deutschen Soldaten an der Ostfront der NATO ist ihm offensichtlich rühmlicher als ein konstruktives Verhältnis zu Russland. Mit dem „Maas bis an die Memel", wie es im Deutschlandlied so schön heißt. Eilig faselt er als Chefdiplomat von unumstößlichen Beweisen, dass russische Kreise, gar Putin persönlich auf den Giftgasanschlag auf den Doppelagenten Skripal in England verantwortlich sind, ohne belastbare Untersuchungsergebnisse abzuwarten. (Es ist eine chemische Variante eines in der Landwirtschaft verwendeten Pestizids). Dabei warnt sogar der deutsche Ex-BND Chef Schindler vor solchen abenteuerlichen Spekulationen (MDR aktuell 27.3.18). Und der Leiter des geheimen britischen Forschungszentrums für Giftgas in Porton Down, welches in unmittelbarer Nähe von Salisbury, dem Anschlagsort liegt, verweigerte sich mutig der britischen Regierung, für diese These „Beweise" zu konstruieren. Der ehemalige Staatssekretär im Bundesverteidigungsministerium, Wimmer, spricht gar von friedensgefährdenden Aktivitäten: „Man hängt seit der Osterweiterung der NATO davon ab, dass in Moskau jemand Präsident ist, der rational und nicht eskalierend mit diesen Dingen umgeht…Wenn wir Putin nicht haben würden, bei der Kriegslust, die im Westen herrscht, sähe Europa schon ganz anders aus" (MDR). Aber es scheint dem deutschen Rumpelstilzchen wichtiger zu sein, in schauderhafter „Gemein"-schaft mit den Stichwortgebern eines neuen Kalten Krieges in Washington und London, Trump und Brown, seine Müskelchen spielen zu lassen.

Hoffentlich folgt die deutsche Justiz künftig nicht diesem Beispiel der Vorverurteilung nach dem Motto: „Dem Angeklagten ist die Tat nicht nachzuweisen – aber zuzutrauen wärs ihm schon." Aber Moment, das neue bayrische Polizeigesetz geht schon mal genau in diese Richtung und nennt das Prävention.

Zur militaristischen Triebabfuhr ließen Trump, May und Macron begleitet von Merkels Beifall schon mal 104 Marschflugkörper in den explosiven Kriegsherd Nahost abschießen, um von ihren innenpolitischen und sexuellen Problemen abzulenken (Trump hatte genau in dieser Woche ein Medienspektakel wegen Prostituiertenbestechung zu befürchten). Einen Tag bevor die internationale Untersuchungskommission den Angriffsvorwand, den angeblichen Chemiewaffeneinsatz, überprüfen konnte, ging es los. Stückpreis dieser hochmodernen elektronisch gesteuerten Waffen 800 000 €. Coltan und andere wertvolle Rohstoffe für deren Herstellung kommen aus dem Kongo, das zu diesem Zweck unter permanenten Bürgerkrieg gehalten werden muss. Denn mit den Warlords kann man einfacher „good deals" machen, als mit einer starken kongolesischen Regierung. Für den Preis dieser sinnlosen „Triebabfuhr" (104 x 800 000 €) hätte man alle 300 000 im Kongo vom Hungertod bedrohten Kinder locker retten können. Aber das kommt unseren angeblichen MenschenrechtspolitikerInnen nicht in den Sinn. Da hätte man ja in Lebensmittel statt in Todesmittel investieren müssen – wie uncool!

Eins muss man Trump lassen: er hält seine Wahlversprechen. Die Reichen noch reicher zu machen und nach dem Motto „America first" nur Verträge zu halten, die er gerade für sinnvoll hält und andere schnurstracks zu kündigen oder einfach zu brechen. Und er zeigt offen, was er denkt. Macron fummelt er die Schuppen vom Kragen und Merkel lächelt untertänig „me too". Und was lernen die Nordkoreas und Irans dieser Welt daraus? Ohne Atombombe bin ich ein Nichts (siehe Afghanistan, Irak, Libyen, Syrien, Iran).

Auch die weltweitige Verteidigungsministerin will noch mehr Geld, obwohl der Rüstungsdrache es gar nicht verdauen konnte. Wozu ist unverständlich, wo doch noch nicht einmal die jüngsten milliardenteuren ultramodernen Transportflugzeuge A 300 M fliegen können und keines der deutschen U-Boote schwimmen, weil man nicht in der Lage ist, Ersatzteile zu organisieren.

Der Termin für die Eröffnung der neuen **Hofschule** naht. Das Interesse von engagierten Eltern, die eine Alternative zur konventionellen Schule suchen, ist über Erwarten groß. Diese sind nicht nur getrieben von der Sorge um die Anpassung und das Funktionieren ihrer Kinder in einer seelenlosen Welt. Sie vertrauen in der Erziehung eher dem Rhythmus der Poesie als dem Algorithmus des PC.

Herzliche Frühlingsgrüße, Euer Team vom CSA-Hof Pente

P.S.: Während meiner Krankheit habe ich (Johannes) meine biografischen Skizzen, Notizen, Erinnerungen und Geschichten, welche auch die Hofgeschichte und den Wandel des Landlebens umfassen, als Buch zusammengefasst: „Kein schöner Land…".

Ausbildungsseminar für den Zugpferdeeinsatz mit Klaus Strüber

JULI 2018

„Unsere Finanzwirtschaft ist ein Ort geworden,
wo Egoismen und Missbräuche
ein für die Allgemeinheit zerstörerisches Potenzial haben…
Wenige beanspruchen wertvolle Ressourcen und Reichtümer für sich,
ohne auf das Wohl des Großteils der Menschen weltweit zu achten…
Die Geldmenge wächst schneller als der Wert von Waren und Dienstleistungen…
Die Kluft zwischen Arm und Reich wird immer größer,
das Klima wird wärmer, die Umwelt zerstört.

Die Finanzkrise wäre eine Chance gewesen,
um die entfesselten Finanzmärkte einzugrenzen.
Doch diese Chance hat die Politik nicht genutzt.
Deshalb beherrschen jetzt andere Kräfte die Welt:
Mächtige Finanzinvestoren unterwerfen die Wirtschaft
einem gnadenlosen Renditedruck.
Gleichzeitig nutzen die Investoren und Konzerne alle Möglichkeiten,
Steuern zu umgehen und Geld zu waschen.“
        (Papst Franziskus 2018)

Irisches Grün in allen Tönen be"frau"schte die **Sinnenpracht** des Juni. Rote, weiße, blaue, gelbe, Farbereignisse laden zum Verweilstaunen ein. Der Rosenmond oder der Brachmond, geht nun vorüber. So wurde der Juni früher von den Bauern genannt, weil im Mittelalter nun die Bearbeitung der Brache im Rahmen der Dreifelderwirtschaft (Winterung, Sommerung, Brache) begann. Früchte für neues Leben entstehen überall.

Das *Astralische* wirkt im *Ätherischen*, das heißt, das auflösende Prinzip des Ätherischen wird zunehmend von den höheren strukturbildenden Wirkungen der Sterne, den astralischen Kräften, zurückgedrängt. Diese Kräfte ermöglichen das Blühen. Sie zeigen sich diesjährig in der kraftvollen Blüte der Lindenallee oder den wunderschönen Farbtupfern der Stockrosen. Aber auch in der Erde ist das Astralische wirksam. Die Bodenbewohner, allen voran der Regenwurm, sind Träger dieser Wirkmacht, die über die bloßen Lebenskräfte hinausgeht. Das Ergebnis ist, wenn der Mensch positiv gestaltend mitwirkt, die Krümelstruktur des reifen Dauerhumus.

Noch ringt die organische Natur mit den Kapriolen des physikalischen Wetters. Und die Bauern und Gärtner ringen gleich mit. War das Versprechen der **Bauernregel**: „Ist der Juni warm und nass, gibt's viel Korn und noch mehr Gras", heißt es nun: „Im Juli muss vor Hitze braten, was im September soll geraten". Aber der Wettergott hält sich leider nicht immer an die Regeln.

Noch leuchtet der hohe **Lichtkornroggen**, eine Demeter-Züchtung, goldgrün. Der **Nackthafer** ist dagegen recht kurz geblieben und konzentriert seine ganze Kraft auf den Nachwuchs in den Rispen.

Gärtner *Jürgen* setzte sich tagsüber mit „Feuer und Flamme" für das Wohlergehen der zarten Oxhella **Wintermöhren** ein. Und nächtens segnet er die Pflänzchen mit dem Element Wasser, wenn es sein muss. Neben dem **Abflammgerät** gegen unerwünschte **Beikräuter** ist die Spritze mit dem **Neembaumöl** das Mittel der Wahl gegen den Kartoffelkäfer. *Irene* ist aus Barcelona zurück und kämpft nun mit *Josh* gemeinsam mit dem Mut der Verzweiflung gegen den Feind aus Colorado. Der Einsatz mit dem **Kartoffelkäferabsauggerät**, das wir von anderen Biobauern ausgeliehen hatten, brachte nur einen begrenzten Erfolg. Hoffentlich bleiben wir auch künftig vor dem verheerenden Kartoffelkrebs verschont, der beim konventionellen Intensivanbau im Emsland ausgebrochen ist. In dem unter Quarantäne stehenden Gebiet darf 20 Jahre lang kein Kartoffelanbau mehr betrieben werden.

Kartoffelkäfer Sammelturbinen

Den **Reihenabstand** bei den **Möhren**, den **Pastinaken** und der **Rote Bete** haben wir nun mit 62,5 cm den alten Maßen der Pferdegeräte angepasst, welche zunehmend von den leichtfüßigen schweren **Kaltblütern** schonend durch die Reihen gezogen werden. Das Team um *Elena, Rosalind, Jürgen, Jan, Jonas, Moritz,…* wird zunehmend erfahrener, mutiger und experimentierfreudiger, was deren Einsatz betrifft. ……..

Kindergartenkinder bei der Geschirrpflege für die Zugpferde

Im biologischen Landbau sprechen wir von **Beikrautregulierung** statt von **„Un"-krautvernichtung**, weil wir wissen, wie wichtig die Kräutervielfalt als wertvolle Nahrungsgrundlage der Insektenvielfalt ist. Was zu „Un" erklärt worden ist, muss folgerichtig komplett beseitigt werden, durch Unkrautvernichtungsmittel – nein – klingt nicht gut. Deshalb besteht die chemische Giftmittelindustrie auf der Formulierung: Pflanzen-„schutz"-mittel und „Behandlung". Diese Orwellsche Vorgehensweise kennen wir ja aus der deutschen Geschichte. Die Deutsche „Schutz"-truppe musste schließlich in Südwestafrika die „un"-botmäßigen Hereros und Nama „behandeln". Ergebnis: 30 000 Tote im Wüstensand. Im 3. Reich nahmen die Nazis ihre Gegner auch nur in „Schutzhaft", bevor sie diese einer „Sonderbehandlung" mit Zyklon B unterzogen.

Der gigantische Deal um den **Gift-** und **Biopatentmoloch** der industriellen Landwirtschaft - Bayer & Monsanto - scheint perfekt zu sein. Die Zukunft gehört den chemischen Spezialisten. Doch halt, wurde die „Titanic" nicht von Spezialisten gebaut und die „Arche Noah" von Laien? Zum Dank für seinen unbeirrbaren Einsatz für die weitere Anwendung des wohl Krebs erregenden Pflanzenschutzmittels, nein! Pestizids, Glyphosat in der konventionellen Nahrungsmittelproduktion, wird der vormalige Agrarindustrieminister *Schmidt* von der Bundesregierung mit einem vergoldeten Aufsichtsratsposten bei der Deutschen Bahn belohnt. Wohl der Abschiebebahnhof für ewiggestrige Geister, die den Zug der Zeit nicht erkannt haben – die Ursache für die zahlreichen Zugverspätungen?

Das US-Landwirtschaftsministerium (USDA) löst die dringenden Weltprobleme ebenfalls auf kreative Weise - mit „Wording", wie es so schön neudeutsch heißt. Es hat nun von der *Trump*-Regierung die Anweisung bekommen, nicht mehr vom **Klimawandel** zu sprechen, sondern höchstens von Wetterextremen. **Extremisten**, Terroristen kann man wahrscheinlich besser **ausrotten**, als das Klima zu **schützen**. Der neue Leiter der US-Umweltbehörde (EPA) von Trumps Gnaden will künftig nicht mehr von **Klimagasreduktion** sprechen, sondern schönfärberisch vom Bodenaufbau.

Aber es gibt auch eine andere Seite. Immer mehr konventionelle Landwirte interessieren sich für Alternativen zu den Pestiziden, die zunehmend unheimliche, totalresistente Super-„un"kräuter produzieren. Sie gehen bei erfolgreichen Biolandwirten in die Lehre und lassen sich zeitgemäße mechanische Beikrautregulierungsverfahren mit Präzisionsstriegeln und neuen Hacksystemen vorführen. Endlich hat der Europäische Gerichtshof (EUGH) das Ansinnen der Chemiekonzerne gestoppt, drei der für das Bienensterben mitverantwortlichen Pestizide aus der Gruppe der Neonikotinoide rücksichtslos weiter zu verkaufen.

Als Folge des **Insektensterbens** will der US-Einzelhandelsriese Walmart **Roboterbienen** bauen. Das künstliche Insekt soll mit Pollen beladen von Pflanze zu Pflanze fliegen und ganz gezielt Nutzpflanzen bestäuben. Damit will der Konzern massiv in den Biomarkt einsteigen und durch niedrige Preise die kleineren

Biobauern zu Tode konkurrieren. (agrarheute 5/2018). Unsere am Waldrand lebenden **Hummeln** sind derzeit voll damit beschäftigt, die **Tomaten** zu bestäuben, damit diese ihr Aroma voll entwickeln können. Dabei rütteln und schütteln sie mit ihren Beinchen an den Blütenblättern und verteilen dadurch den Pollen in der ganzen Blüte. Woher hat wohl 007 seinen Tipp „gerührt statt geschüttelt?"

Insektenfreude

Jesus konnte laut Bibel Wasser in Wein verwandeln. Die heutige Lebensmittelindustrie ist da schon weiter. Sie verwandelt Abfall in **Wurst**. Das legt ein Bericht nahe, nachdem eine Fakefleischwurst angeboten wurde, die nur 16% Fleisch enthielt und trotzdem ungerührt von der Deutschen Landwirtschafts-Gesellschaft (DLG) die Goldene Preismünze erhielt.

Unser mächtiger Eber Herkules, Vater ungezählter Ferkelgenerationen bietet nun seinen **Schinken** für die nächste Inkarnation an. Und das nicht genug. „Sieben auf einen Streich" und zwar ausgereifte Schweine, (keine Zwerge, sondern mit weit über 120 kg Schlachtgewicht) die sich noch kurz zuvor wie Krokodile wohlig im von *Maren* liebevoll bereiteten Schlammbad gewälzt haben, sind nicht mehr unter uns, sondern mehr oder weniger (Vegetarier) in uns. Schuld daran ist nicht das tapfere Schneiderlein, sondern unsere große Klappe, die hoffentlich nun wieder hält. Die Heckklappe unseres etwas in die Jahre gekommenen Viehtransporters war beim Rindertransport zerbröselt und konnte endlich mit *Jabar* Hilfe erneuert werden.

Von *Gerdas* **Perlhühnern** gibt es ebenfalls kein Lebenszeichen mehr. Sie hatte diese, einen Hahn mit zwei Hennen, dem Hof geschenkt, damit sie durch ihre besondere Wächtereigenschaft das Hühnervolk rechtzeitig vor Gefahren warnen. Leider konnten sie sich nicht als Perlentaucher in Sicherheit bringen und wurden vermutlich selbst tapfere Opfer eines Himmelfahrtskommandos. Im Hühnerhimmel werden einige Federn fehlen, die von den Kindern des Waldkindergartens auf dem Waldweg gefunden wurden.

„Die Geister, die ich rief", wie Goethe schon seinem Zauberlehrling in den Mund legte, sind nach Ansicht vieler **Internet-Pioniere** zu einer Plage geworden („werd´ ich nicht mehr los"). Das US-amerikanische Magazin New York veröffentlichte eine Reihe Interwiews mit den Netzentwicklern, unter anderem mit dem Netzpionier *Jaron Lanier*, der schlicht formulierte, „wir sind Assholes (Arschlöcher) geworden". Das www war von seinen Gründern als kreativer Dialog- und Resonanzraum gedacht. Nun sei es zu einer gigantischen Maschine geworden, die seine Benutzer abhängig mache, ihre Lebenszeit fräße, sie ausspioniere und ihr Denken und Handeln in einer Weise beeinflusse, die sich kein Gewaltherrscher je hätte träumen lassen. *Tim Berners-Lee,* Entwickler des Hypertext für das World Wide Web, beklagt: „Die Machtkonzentration in der Hand weniger Firmen hat es ermöglicht, das Internet als Waffe zu nutzen". Gewalt, Sex und Empörung seien die sichersten Mittel, um die Nutzer zu fesseln. *Richard Stallman*, einer der gefragtesten Entwickler, (Gnu und Emacs) meinte, die meisten Menschen seien, was den Gebrauch digitaler Medien betrifft, hoffnungslos naiv. Er selbst gibt im Internet kaum etwas über sich preis und zahlt nur in bar. Immer mehr Menschen laufen mit dem gebannten gesenkten Blick einer Sklavenkaravane achtlos aneinander vorbei und bewegen sich in ihrer Meinungsblase. Die Psychopathologie eines derart technisch versklavten Sektierers zeichnet sich dadurch aus, sich im Prozess der Selbstverblödung als ganz besonders schlau vorzukommen. Aber nun ja. Man sollte viel häufiger im Leben das Spiel „Mensch ärgere dich!" **nicht** mitspielen.

Wirkliche Religionen können dagegen andere Dimensionen ansprechen und echtes **Friedenspotential** entwickeln. Aber nur dann, wenn sie damit umgehen können, das zwischen ihren Gottesvorstellungen und dem, was Gott „wirklich" ist, eine **unüberbrückbare Differenz** besteht.

Unsere **Rinderherde** sorgt immer wieder für existenzielle Abenteuer. Das Jungrind Maja gebar im Juni mitten in der Nacht ihr erstes **Kälbchen**, begleitet von einem schweren Gebärmuttervorfall. Dieser ließ sich auch durch *Elenas* unermüdlichem Nachteinsatz nicht mehr rückgängig machen. Die junge Kuh musste schließlich durch die Tierärztin eingeschläfert werden. Was tun mit dem jungen Bullenkälbchen? Lohnt es sich, mit hohem Aufwand an Arbeitszeit und Frischmilch, die Aufzucht zu versuchen? Aus betriebswirtschaftlicher Sicht sicher nicht. Aus CSA-Sicht ja. Schließlich war es ja schon auf *Monsieur Matthieu* getauft. Wir hatten noch Biestmilch (Kolostralmilch) einer anderen Kuh für Notfälle eingefroren. Diese ist nahezu unverzichtbar für die erste Immungabe eines Kälbchens. Der Versuch gelang. Es nuckelte an der Flasche und akzeptierte anschließend auch die

Gummizitze eines Tränkeimers mit Vollmilch. Nun wurde das Kälbchen unter Anleitung von *Elena* und *Josh* der Herde zugesellt, die es unter ihren Schutz stellte.

Die diesjährige **Mitgliederversammlung** fand diesmal im neuen Abholraum statt und war getragen von einer positiven engagierten Stimmung. Über 120 Mitglieder und Mitarbeitende drängten sich in dem Arbeitsraum, um den Finanzbericht und die Jahresplanung von *Kai Brickwedde* und *Tobias* zu hören und zu diskutieren. Es wurde im Ergebnis ein bescheidener theoretischer Gewinn von etwa 1500€ ausgewiesen und auch die Entnahmen für die Familie waren aufgrund des Erziehungsgeldes minimal. Die Bieterrunde führte im ersten Anlauf zu einer Deckung der Grundkosten des Betriebes im kommenden Wirtschaftsjahr entsprechend der letzten Jahresrechnung. Um aber das neue Jahr realistisch zu planen und notwendige Investitionen umzusetzen, müssen noch etwa 20 neue Mitglieder aufgenommen und zusätzliche Mittel eingeworben werden. Solche Investitionsprojekte sind:

1. **Kompostumsetzer**
2. **Heutrocknung und Lager**
3. **Unterstand für die Pferdegeräte**
4. **Winterunterstand für die Tiere**
5. **Präzisionsstriegel**

Hier besteht auch für die Mitglieder die Möglichkeit, sich projektbezogen (mit Spendenbescheinigung!) einzubringen, wie auf der Mitgliederversammlung vorgeschlagen wurde.

Jahreshauptversammlung 2018

Unser Landwirtschaftsazubi *Josh* hat die anspruchsvolle Aufgabe übernommen, im Rahmen seiner Ausbildung die Jahresarbeit zum Thema: „true cost accounting" (wahre Kostenrechnung) zu schreiben und dabei unseren CSA-Betrieb genauer unter die Lupe zu nehmen. Es geht dabei um eine alternative Sichtweise zu einer konventionellen Betriebswirtschaft, welche z.B. alle negativen Umweltwirkungen der Produktion konsequent ausblendet und sich damit etwas in die Taschen lügt. Oder die gängige Berechnung des Bruttosozialprodukts, bei der Unfälle und Katastrophen perverserweise positiv eingehen, weil sie ja das Wachstum beflügeln. Wir möchten euch ermutigen, *Josh* bei seinen Befragungen zu unterstützen!

Unsere Gärtner *Fritzi* und *Felix* haben gewissermaßen aus dem „FF" die staatliche Gärtner-Innenprüfung mit einem sehr guten Ergebnis gemeisterinnisiert. Herzlichen Glückwunsch!

Die besten Frühsommergrüße
Euer Team vom CSA-Hof Pente

AUGUST 2018

Eine Landwirtschaft erfüllt eigentlich ihr Wesen im besten Sinne des Wortes, wenn sie aufgefasst werden kann als eine Art Individualität für sich, eine wirklich in sich geschlossene Individualität… d.h., es sollte die Möglichkeit herbeigeführt werden, alles dasjenige, was man braucht zur Hervorbringung innerhalb der Landwirtschaft, selbst zu haben. (Rudolf Steiner)

Hitzewellen, **Sommerwind** und Wüstenstaub brachten im Juli dürres Gras und welkes Laub. Der fehlende Regen zwang die Pflanzen dazu, sehr sparsam mit dem kostbaren Nass zu haushalten. Frische Samenkinder brauchen feuchte Pflege, um nicht unmittelbar nach dem Keimen wieder zu verdursten. Unser mobiler **Durstlöschzug** ist Tag und Nacht im Einsatz, um Pflanzenleben zu retten. Dieser Sommer zwang die Pflanzen auch dazu, ihre Wurzeln tiefer in die Erde zu schicken als gewöhnlich. Bei alten Weinstöcken können sie eine Tiefe von bis zu 12 m erreichen. Der Kürbis in der sandigen *Nien Wiske* hat offenbar schon die Ortsteinschicht des Urstromtales durchbrochen, um sich mit aller Kraft am Lebenselixier laben zu können, so gut sieht er aus. Unser Hofbrunnen, der den Grundwasserstrom in 30 m Tiefe angezapft, begann zu spucken und wir mussten infolgedessen sehr sparsam mit dieser Quelle umgehen. Die Früchte werden in diesem Jahr eine geringere **Größe** erreichen, aber dafür sind sie intensiver im **Geschmack**. Roggen und Hafer haben beschlossen, in diesem Sommer 2-3 Wochen eher (not)reif zu werden als gewöhnlich. Die weit von ihren Lebensgrundlagen entfernten Wetterfrösche, die in manchen Rundfunkkommentaren gedankenlos begeistert „heute wieder trockenes sonniges Biergartenwetter" feierten, waren für manche Bauern, die verzweifelt gen Himmel guckten, nur schwer zu ertragen. Aber nach dem 10. Juli war es Gott sei Dank, wenn auch nur vorübergehend, soweit: der Himmel schämte sich seiner Missetaten und weinte bitterlich. Innerhalb von drei Tagen fielen mehr als 30 l Regen auf den Quadratmeter.

Elena und *Jürgen* nutzen diese Chance und fuhren mit dem bodengetriebenen **Miststreuer**, gezogen von *Lotte* und *Bamse*, frischen Kompost für den Winterkohl auf den Acker. Bei einem solchen Regensegen wird der Stickstoff eingefangen, um den Pflanzen gütlich zu tun, statt sich sinnlos zu verflüchtigen. Mit einem Schlepper wäre ein solcher Einsatz aufgrund der Gefahr von Bodenverdichtung nicht möglich gewesen. Nun warten die Gärtner wieder händeringend auf den himmlischen Segen. Johanni (24. Juni), das Fest der höchsten Erdausatmung, wie Rudolf Steiner sagen würde, ist schon lange vorbei. "Das ganze Seelenhafte der Erde ist in den kosmischen Raum hinein ergossen." (GA 223). Die alten Eingeweihten haben in dieser Zeit ihre eigene Seele mit der Erdenseele verbunden und sich mit ihr meditativ in die kosmischen Weiten hinaus begeben. Nach dem Motto: wir leben mit unserer Seele in den kosmischen Weiten, mit der Sonne und den Sternen. So innerlich verwandelt versuchten sie den Blick zurück zu werfen auf die Erde mit aller ihrer sprießenden Vegetation, den blühenden Pflanzen, den leuchtenden Blumen den schwirrenden Insekten, den von der Luft getragenen Vögeln ... und dieses Bild in ihrer Seele aufzunehmen und mit dem Atem der Erde zu verbinden, um nicht nur irdisch, sondern auch geistig die Welt zu erfahren. Verstehen statt nur zu benennen war der Sinn des **Sommersonnenwendefestes** in den alten Einweihungsstätten.

Der **August** wurde als der achte Monat im gregorianischen Kalender nicht nach dem „dummen August" im Zirkus, sondern nach dem römischen Kaiser Augustus benannt. Von den landwirtschaftlich geprägten Menschen wurde er allerdings als Ernting oder Ährenmonat, auf Plattdeutsch „Aden", bezeichnet.

Im Juni konnte *Martin* den ersten **Honig** ernten. Die übermütigen Pflanzenblüten versprachen ein süßes Jahr. Aber der heiße Atem der Sonne machte einen Strich durch die Erwartung. Der Juli „honigte" nicht. Zwar gab es Blütenpollen reichlich, aber den Pflanzen war es zu trocken. Sie konnten keinen Nektar bilden, so dass die Brut der Ableger zugefüttert werden musste, um sie vor dem Verhungern zu bewahren. Am 18. Juli, so früh wie noch nie, wurde der Lichtkornroggen von *Josh* mit unserem 40-jährigen DeutzFahr Dinosaurier gedroschen. Mindestens 40% Minderertrag aufgrund der Trockenheit, aber genug für 60 000 Brote unserer Mitglieder. Aufgrund seines Alters braucht der Mähdrescher schon betreutes Dreschen. Nicht nur die Generalrevision aller Nippel, Riemen, Filter und Ketten war angesagt, sondern diesmal auch die Reparatur des inkontinenten Hydraulikzylinders und des Bruchs des Haspelführungsexzenters für den Schneidtisch, sowie der Einbau neuer Verstellsiebe. Die Reparaturen können wir noch weitgehend auf dem Hof erledigen. Bei den neuen vollelektronifizierten Maschinen sieht das völlig anders aus. Beim Hersteller *Claas* sammeln die neuen Ackermonster alle Daten und schicken sie im Fünf-Minuten-Takt ins Mutterhaus. So hat der „Servicepartner" vollen Zugriff auf Standort, Leistungsdaten und Betriebszustand der Maschine (top agrar 3/2018). „Big Brother is Betreuing you."

Außerdem warten vor der Werkstatt noch andere **Patienten** auf die ambulante oder gar klinische Behandlung. So braucht der Kartoffelroder neue Lager und einen neuen Elevatorriemen, sowie der Miststreuer neue Streu-teller; die Pflanzmaschine wurde mit einer verbesserten Pflanzwasserversorgungsdosierung ausgerüstet, um das Pflanzen in der Gluthitze zu ermöglichen. Die Notaufnahme hat also alle Hände voll zu tun. Leider ist *Jabar* aufgrund eines Schlüsselbeinbruchs bei einem Fahrradunfall ausgefallen.

Unsere **Hühner** sind von ihrem Frühlingsquartier auf dem Wiebelhorst zum Sommerurlaub auf das Windradstück und die Maienwiese umgezogen. Während des Transports öffneten sich am frühen Morgen aus Versehen die elektronisch gesteuerten Auslaufklappen und die Vögel sprangen in den Gemüsegarten, um ihre unerschöpflichen Möglichkeiten zu erkunden. Erst am Abend konnten sie eingefangen werden, um die Hausordnung wieder herzustellen. Die Wahrnehmung der Welt von Mensch und Vogel ist völlig verschieden. Während wir Menschen mit unseren beiden Augen an der Stirnseite des Kopfes ein dreidimensionales Bild erzeugen, können die Vögel mit den beiden Augen zeitgleich zwei verschiedene Bildinformationen verarbeiten, sogar, wenn sie dabei Gegenstände in unterschiedlichen Entfernungen fixieren. So können zum Beispiel ein Weizenkorn auf dem Boden sehen und einen möglichen Feind in 10 m Entfernung. Das macht es so schwer, sie einzufangen. Außerdem hat das Huhn die Fähigkeit eine zusätzliche **Farbe** zu sehen, nämlich das Licht im UV-A-Bereich. Wir Menschen sind daher als Tri-chromaten (rot, grün, blau) diesbezüglich den Hühnern mit ihren vier Farbkanälen (Tetra-chromaten) unterlegen. Auch das zeitliche Auflösungsvermögen ist bei den Vögeln erheblich höher. Sie können **Bewegungen** zwei- bis dreimal schneller erkennen als wir. Während wir bei optimalen Bedingungen höchstens 50 Einzelbilder pro Sekunde wahrnehmen können, sind es bei den Hühnern 120. Daher sollte man sie auf keinen Fall ins Kino mitnehmen, es flimmert ihnen zu doll.

Klimawandel und **Artenschwund** gehen unvermindert weiter. Ein Zeichen ist der wunderschöne Monarch Falter. Von Kanada bis Mexiko fliegen diese alljährlich zu ihren Überwinterungsplätzen. Im Vergleich zu 2016 erreichten nun 80%! weniger Falter ihr Ziel. Grund für diese Dramatik ist die ungehemmte großflächige Anwendung von *Glyphosat* in den USA, verstärkt durch das Pestizid *Dicamba*, das zusätzlich eingesetzt wird, um die zunehmenden Resistenzen der Pflanzen zu brechen (GLS Infobrief 1/2018).

Am 18. 6. begann in San Francisco der Prozess gegen den Saatgutriesen **Monsanto** wegen verschleierter Krebsrisiken des Pestizids Roundup mit dem berüchtigten Wirkstoff *Glyphosat*. Der 46-jährige Kläger Dewayne Johnson macht dieses Mittel für seinen 2014 diagnostizierten Lymphdrüsenkrebs verantwortlich. Monsanto bestreitet natürlich einen Zusammenhang und es muss auch noch eine mutige Jury gefunden werden. Wenn Monsanto verliert, befürchten die Investoren eine Klagelawine mit einem enormen finanziellen Risiko. Die Finanzhaie sollten zusätzlich dazu verurteilt werden, den Plastikmüll in den Weltmeeren zu fressen. Rechtzeitig hat der blöde DAX-Konzern Bayer Monsanto von den US-Amerikanern übernommen und muss seinen Kauf noch mit 15 Milliarden US-Dollar zusätzlicher Anleihen finanzieren. Neue unabhängige Studien (Gobal Glyphosate Study) haben ergeben, wie groß die Gefahren von Glyphosat für Säugetiere selbst bei den als „sicher" geltenden Dosierungen sind. Das gemeinnützige Forschungsinstitut *Ramazzini*, das diese Forschungen koordiniert, stellte sie nun auf Einladung der Fraktion der Grünen/EFA im Europaparlament vor. Bei den Tierversuchen mit Ratten wurden Dosierungen verabreicht, die von den US-Behörden als völlig unbedenklich eingestuft wurden. Die Mütter und ihre Jungen wurden bis 13 Wochen nach der Geburt beobachtet, was beim Menschen einem Lebensalter von 18 Jahren entspricht. Die Ergebnisse haben es in sich: Die Entwicklung der Geschlechtsorgane wurden gestört, das Erbgut geschädigt und Krebs ausgelöst. Interessant ist, dass insbesondere die Zusammensetzung der Darmbakterien, das Mikrobiom, erheblich verändert wurde. Dieses ist von zentraler Bedeutung für vielfältige biologische Prozesse. Ist es gestört, können entzündliche Erkrankungen oder auch **Fettleibigkeit**, **Alzheimer** und **Darmkrebs** ausgelöst werden. Glyphosat kann also auch den Endokrinen Disruptoren zugerechnet werden, einer besonders gefährlichen Klasse von Giften, die heimtückisch in hormonelle Prozesse eingreifen und zu deren Verringerung sich die EU-Kommission verpflichtet hat - aber durch offensichtlichste Lobbyeinwirkung nicht im Stande ist, dieses umzusetzen. Die genannte Studie wurde unabhängig vom Hersteller gemeinnützig finanziert. Die 300.000€ Kosten wurden durch 30.000 Privatpersonen finanziert, die Mitglieder der Ramazzini Genossenschaft sind. Das soll erst der Anfang sein. Es fehlen noch 5 Millionen €, um die Forschungen zu Auswirkungen dieses Giftes auf das Nervensystem oder die Krebsentstehung weiterzuführen. Dazu wurde eine Crowdfunding Campagne gestartet, um bis zum Jahr 2022, rechtzeitig zur Entscheidung der EU-Kommission zu einer weiteren Verlängerung der Zulassung von Glyphosat, an die Öffentlichkeit treten zu können (MDEP *Sven Giegold,* Brüssel).

Der Bayer Konzern bezahlte (siehe oben) jüngst 63 Milliarden $ für Monsanto. Die Bundesumweltministerin *Svenja Schulte* (SPD) weichte ihre Ankündigung, das umstrittene Pestizid Glyphosat zügig aus dem Verkehr zu ziehen, mittlerweile auf. Auch das Bundeslandwirtschaftsministerium von *Julia Klöckner (*CDU) unternimmt nichts gegen die Zulassung von glyphosathaltigen Produkten. Und der Bioanbau wird in ihrer 100-Tage-Bilanz nicht einmal erwähnt. Die Bundesregierung hat sich, offenbar im Wahrnehmungsschatten von Fußball-WM und ominösem Asylstreit, klammheimlich vom versprochenen Glyphosat-Ausstieg verabschiedet (Der Spiegel Nr. 7/2018).

 Wunderbarerweise hat die Regierung die Aufmerksamkeitsfalle auch genutzt, um ihren Parteien 15% Steuermittel zusätzlich zuzuschanzen, den Hartz IV Satz aber um nur 1,7% zu erhöhen. Die Politik als organisiertes Versprechen.

Lieber feiert sie den Abschluss neuer **Freihandelsabkommen** mit Japan und Neuseeland. Dieser globale Irrsinn wird den Ruin zehntausender japanischer Bauernfamilien bedeuten und durch die preisliche Entwertung von Lebensmitteln auch viele **Teikei Initiativen** ins Mark treffen. Weltweiter Handel mit Lebensmitteln belastet das Klima und zerstört regionale bäuerliche Kulturen. Er ist nur sinnvoll, wenn irgendwo Mangel oder Not herrschen, oder es um spezifische Güter, wie z.B. Kaffee geht, die andere Länder brauchen, aber selbst nicht anbauen können. Das gilt aber weder für Milch in Europa noch Neuseeland. Verlierer sind um wenige Cent z.B. die kleineren und mittleren Milchbauern in Europa, die niemals mit den neuseeländischen Milchweiden konkurrieren können. Was wäre die Alternative? Eine intelligente Landwirtschaft weltweit umzusetzen, die das jeweilige Ökosystem versteht und es so nutzt, das mit den Ressourcen sparsam umgegangen wird. Eine solche wissensbasierte Landwirtschaft verzichtet auf Pestizide und denkt in systemischen Kreisläufen, die in der konkreten Hofesindividualität ausgebildet werden.

Das **Flüchtlingsthema** ist der Politik zunehmend unangenehm, weil es die Doppelmoral unseres Systems deutlich macht. Sie fordert freien Handel und steuerfreifreie Finanztransaktionen für die Konzerne und Banken. Wollen aber die Menschen diesem Reichtumsfluss frei hinterher wandern, gibt es Probleme und Stacheldraht. Die ehemalige DDR durch Fluchthilfe für gutausgebildete Ingenieure und Mediziner auszubluten, galt dagegen als Heldentat.

Auch in der **Energiefrage** ist Deutschland als ehemaliger Klimaschutzvorreiter in die traurige Liga von Braunkohleländern wie Polen und Tschechien zurückgefallen. Bezeichnend für die verantwortungslose Dinosaurierrolle ist, dass die Bundesregierung in Form von Wirtschaftsminister *Peter Altmaier* (CDU) in Brüssel das Ziel des EU-Parlaments verhindert hat, 35% Erneuerbare Energie bis 2030 durchzusetzen (FR vom 15. 6. 2018).

Der Vorteil des Trumpschen Auftretens ist, dass er offensichtlich macht, wie die transatlantischen **Machtverhältnisse** wirklich liegen. Das ist den Parteigängern des US-Kapitals in Politik und Medien zunehmend peinlich. Ohne Widerstand kann er eine Verdreifachung der Steuerausgaben für die Fütterung der Rüstungskonzerne fordern, obwohl Russland seine Rüstungsausgaben im letzten Jahr um 20% reduziert hat. Peter Scholl-Latour sagte zu diesem Thema einmal: „Ich halte die NATO für überflüssig. Sie ist eine Fremdenlegion der USA in Europa."

Auch in der **Handelsbilanzfrage** redet Trump unwidersprochen Unsinn. Um die tatsächliche Bilanz, welche den Maßstab für den Reichtumstransfer abbildet zu erfassen, muss man den Kapitalfluss für Waren und Dienstleistungen zusammenfassen. Und bei dieser Rechnung saugen die USA über **Patente** und **Konzerne** wie Google, Amazon steuerfrei mehr Reichtum aus Europa ab, als es über reale Waren liefert. Um dieses voll zu beherrschen, setzen die USA den

Dollar als Weltleitwährung durch, den sie nach eigenem Dünken ohne Rechenschaft drucken.

Die globale Digitalisierung verbunden mit der totalen Datenkontrolle soll es künftig richten, nach dem Wahlspruch: „Herr, in deine Hände gebe ich meinen Geist". Fratzenbuch hat in einem Patentantrag in den USA (Facebook 2018/0167 677) das Recht erworben, mittels eines Signals, es können „interessante" Worte sein, über das Mikrofon des Smartphons oder eines anderen Gerätes, gezielt oder wahllos abzuhören; zum Beispiel bei welcher Werbung oder welchem Film weggezappt wird und dadurch die Persönlichkeit mit ihren sozialen, sexuellen oder politischen Vorlieben auszuspähen und verführbar für Firlefanz, schicky-micky Krimskrams und Hirnseife zu machen. Amazon-Chef Jeff Bezos wird jeden Tag steuerfrei um 265 Millionen reicher. Bei einer solchen Vorstellung ist es notwendig, den Zugang zu seinem eigenen E-LAN zu behalten. In letzter Minute wurde die Anerkennung der Freien Hofschule des CSA Hofes Pente von der Landesschulbehörde und vom Landkreis Osnabrück erteilt, so dass der Betrieb nach den Sommerferien losgehen kann. Das alte Hofgebäude ist noch eine einzige Baustelle. Doch die fleißigen Hände sind mit optimistischem Mut ausgestattet.

Herzliche Sommergrüße - Euer Team vom CSA-Hof *Pente*

Abendlicher Heimweg von der Weide heim zum Stall

SEPTEMBER 2018

Diese Obrigkeit ist selbst nur ein Ausdruck des Geistes, der die Gesellschaft beherrscht. Sie kann nur gestalten was der Ameisenfleiß Ungezählter vorbereitet hat. Nicht von ihr zuerst, sondern zuerst von uns hängt es ab, ob in der kommenden Generation Gewalt oder Liebe, Anstand oder Brutalität, wachsendes oder abnehmendes Rechtsbewusstsein, Sehnsucht nach Gerechtigkeit oder Egoismus das Leben beherrschen.
(Emil Fuchs 1936/37)

Oh, Sonne! Du hast in diesem Sommer die Kraft und Energie des Lebens gezeigt, aber auch die der Vernichtung. Die Füchse werfen Staub aus ihren tief gebuddelten Bauten. Die Fichten produzieren panikartig Zapfen, weil sie um ihr Überleben fürchten. Die wasserscheue Hofhündin Suna stürzt sich voller Furchtverachtung in den Schlamm des Hoftümpels und spielt Krokodil.

In diesem Monat, nach dem römischen Kalender der siebte (lat. septem = sieben), ist die **Tagundnachtgleiche** (22./23.): das heißt, die Sonne zeigt sich in der Äquatorebene der Erde. Sie steht also exakt im Osten auf und fällt im Westen ins Bett. Da in diesem Moment astronomisch der Herbst beginnt, wurde dieser Monat altdeutsch Herbsting, oder von den Bauern auch Holzmonat genannt. Weil Augustus schließlich Geburtstag hatte, galt in der römischen Provinz Kleinasien der September als der erste Monat. Das byzantinische Reich übernahm diese Tradition, die bis 1700 auch noch im zaristischen Russland galt.
Ach, wären wir doch **Tomaten**. Der rote Farbstoff **Lycopin** ist ein Carotinoid. Wie die meisten seiner chemischen Artgenossen kann es bestimmte reaktionsfreudige Moleküle im Tomatenstoffwechsel unschädlich machen, also „freie Radikale" fangen (wenn das der Verfasssungsschutz wüsste...). Und sie schützt sich dadurch nicht nur selbst vor Sonnenbrand. Nein ... wie schön, in

einer Studie der Universität Witten-Herdecke wurde festgestellt, dass die Probanden, die eine erhöhte Menge von Tomatenmark zu sich nahmen, eine geringere Anfälligkeit für Sonnenbrand hatten. Dieser „**Sonnenschutz** von Innen" welcher den Tomaten ihre leuchtend rote Farbe verleiht, lagert sich in den Hautzellen ein (wie beim Carotinbaby) und führt zu einer leichten Bräunung. Die Widerstandskraft lässt sich ungefähr mit einem Sonnenschutzfaktor von zwei bis drei vergleichen und reduziert gleichzeitig das Krebsrisiko. Die Sonne verwöhnte uns zum Glück in diesem Sommer mit einem ungewöhnlichen Tomatenreichtum.

Ein anderes **Nachtschattengewächs** litt in der Erde unter dem Übermaß der Sonnenkraft. Betroffen ist vor allem die Nase der Kartoffel namens Linda. An den Atemöffnungen, den Lentizellen, bildete sich **Kartoffelschorf**. Der Erreger, ein Bakterium (Streptomyus scabies) liebt leichte Böden, weil sie viel Sauerstoff enthalten, hohe Temperaturen und Trockenheit. Glücklicherweise bedeutet das weder eine gesundheitliche noch eine geschmackliche Beeinträchtigung. Aber im Handel hätten unsere liebe Linda Probleme, optisch Kundinnen zu bezirzen. Wir werden sie vorsichtig einlagern müssen, da die Erdfrüchte durch ihre borkige Schale weniger geschützt sind. Die Sorte **Bernina** ist offenbar resistenter und daher weniger betroffen.

Unter gesundheitlicher Betrachtung dürfen wir glücklicherweise eine neue Sichtweise genießen: Wenn eine Frucht von Krankheitserregern angegriffen wird, bildet sie an dieser Stelle ein für diesen Erreger spezifisches Abwehrmittel, ein **Salvestrol** (lat. salvere – retten). Diese bioaktiven Pflanzenstoffe sind in der Lage, beim Menschen ein Enzym anzuregen, welches Krebs zum Stillstand oder gar zum Verschwinden bringen kann. Dies fand eine britische Forschergruppe an der Universität Aberdeen unter Professor Dan Burke heraus. Allerdings trifft das nur bei Biogemüse zu, da durch Pestizide kontaminierte Früchte kaum noch in der Lage sind, eigene Schutzstoffe zu bilden. Das ist insofern besorgniserregend, da durch die Zunahme von Umweltgiften nicht nur die Pflanze, sondern auch der menschliche Körper zusätzlichen Stressfaktoren ausgesetzt ist. Als Schlüssel für den krebshemmenden Mechanismus fanden die Biologen in den Krebszellen ein Enzym, das sie CYP1B1 nannten. Wird es aktiviert, veranlasst es im Körper **Entgiftungsprozesse** sowohl von schädlichen Stoffwechselprodukten, als auch von krebserregenden Stoffen, wie Pestiziden und anderen Umweltgiften. Dieses Enzym ist allerdings nur in Krebszellen und im Vorstadium befindlichen Zellen zu finden. Aber damit dieser Selbstheilungsprozess in Gang kommt, benötigt dieses Enzym einen Partner. Zusammen mit Professor *Gerry Potter* von der Montford Universität in Leicester entwickelte Burke eine Substanz, welche das Enzym zu einem Anti-Krebs-Therapeuten machen sollte. Als Vorbild galt das vom „Rotwein-Effekt" bekannte Phyto-Östrogen Resveratol. Das war die Brücke für die Erkenntnis der natürlichen Leistungsfähigkeit der Salvestrol-Substanzen, die nach Aktivierung durch das CYP1B1-Enzym die Krebszellen vernichten. Ihnen ist gemeinsam, dass sie sich vor allem in Schalen, Blättern und Samen sowie den Wurzelhäuten bilden, die akut von Bakterien, Schimmelpilzen, Insekten und UV-Licht angegriffen werden. Also denkt bei einer überreifen Tomate und einer verschorften Kartoffel nicht gleich an die Tonne - sondern an die inneren Werte.

Hitze und Trockenheit stellen auch ein anderes Postulat auf den Kopf. Was wurden wir doch in den 80er Jahren von den Propagandisten der Atom- und Kohlelobby in Konzernen, Politik und Verwaltung als unverantwortliche Träumer beschimpft und lächerlich gemacht, wenn wir in der Kraft von Sonne und Wind eine Umwelt- und klimafreundliche Alternative sahen und auf dem Hof umsetzten. Kohle und Atom seien die einzigen Energien, die eine absolute Versorgungssicherheit herstellen könnten. Nun müssen in Frankreich und Deutschland aufgrund klimabedingt fehlenden **Kühlwassers** genau diese Riesenkraftwerke gedrosselt werden. Die Rettung für die Franzosen ist der Import von deutschem Wind- und Sonnenstrom. Für ein anderes Naturwesen, das gewissermaßen auf dem Kopf steht und von Klimastress, Hitze und Dürre gebeutelt wird, scheint es kaum noch eine Rettung zu geben. Es ist der merkwürdigste, dickste und älteste Baum der Welt. Gemeint ist der **Baobab**, bei uns auch Affenbrotbaum genannt, von dessen weißen Kernen, dem Affenbrot, man sich ernähren kann. Einige der noch heute lebenden Methusalems standen schon bereits zur Zeit der Gründung des Römischen Reichs in der afrikanischen Savanne. Neun der 13 ältesten und fünf der 6 dicksten (Umfang bis zu

33 Meter) sind in den vergangenen 12 Jahren verendet (FR Nr. 134/2018). Und dabei ist er durch seine tiefen Wurzeln und voluminösen Wasserspeicher besonders an Trockengebiete angepasst. In der afrikanischen Mythologie wird sein seltsames Aussehen damit erklärt, dass der wütende Schöpfergott den Baum aus dem Boden gerissen und umgekehrt wieder hineingesteckt habe. Deshalb sehen seine krakeligen Äste wie Wurzeln aus. Die göttliche Wut entzündete sich durch den Stolz der Baobabs: Sie hätten sich ihres beleibten Umfanges wegen für was Besseres gehalten.

Glücklicherweise haben unsere fleißigen **Gärtner** den Kopf selbst bei 50 °C weder in den Sand noch ins Wasser gesteckt. Mit dem Mut der Verzweiflung retteten sie mit ihrer Arbeit die Schätze des Gartens bereits frühmorgens, um die kostbaren Früchte für uns zu hegen, zu pflegen und zu ernten. Die Bewässerung wird seit Wochen im Schichtdienst die ganze Nacht hindurch betreut.

Andernorts wird den Kleinbauern das Land weggenommen, ihre Existenz vernichtet, damit sich Ärzte in unserer Zuvielisation auf dieser Basis schöne Pensionen genehmigen können. Das musste das engagierte Ärztepaar Hubert und Ursula Scheper feststellen, als sie den Hintergrund ihrer Altersrente bei der **Ärzteversorgung** Westfalen-Lippe (ÄVWL) näher untersuchten. Diese ist mit 100 Millionen € an einem US-Fonds (Tiaa-Cref Global Agriculture) beteiligt, der knapp 300.000 ha Agrarflächen in Brasilien aufgekauft hat. Hier wird großflächig Soja in Monokulturen, bei denen Agrarchemikalien Boden und Gewässer kontaminieren, für unsere Massentierhaltung in Europa angebaut. Geben die Kleinbauern ihr Land, für das sie meistens keine formellen Besitztitel vorweisen können, nicht freiwillig ab, werden sie von den Pistoleros der Großgrundbesitzer mit Gewalt vertrieben oder erschossen. Hubert Scheper: „Das passt doch nicht, einerseits setzen wir uns für die Rechte der Kleingemachten in Brasilien ein. Und andererseits kriegen wir unsere guten Renten aus diesem Versorgungswerk."(FR Nr. 178/2018).

Vor diesem Hintergrund bereitet Papst Franziskus für das Jahr 2019 die **Amazonien**-Synode vor. Beraten wird er dabei von der Schamanin des Kichwa-Volkes Patricia Gualinga, die gleichzeitig auch eine Kirchengemeinde leitet. „Der Urwald", sagt sie, „ist für unser Volk etwas Heiliges, ein beseelter Ort". („Kawsa Sacha" = span. „Selva Vivente" = dt. „beseelter Ort"). „Die Wesen des Waldes, die Sichtbaren wie die Unsichtbaren, geben uns Indigenen Kraft und tiefe Sicherheit." Mit dieser Haltung führen sie seit 1990 den erfolgreichen gewaltfreien Widerstand des Dorfes Sarayaku gegen mächtige Erdölfirmen (Publik-Forum Nr. 14/2018). Unterstützung findet sie bei den amazonischen Befreiungstheologen der älteren Generation, Bischof *Erwin Kräutler* (79) und Kardinal *Claudio Hummes* (83). Wie bringt die selbstbewußte christliche Schamanin, die sich selbst als kämpferische Wespe bezeichnet, den beseelten Regenwald mit dem Evangelium zusammen? „Die erste Brücke ist nicht Jesus, sondern der Heilige Franz von Assisi. Ich denke, er hat von der Schönheit der Natur und Schöpfung noch mehr begriffen als Jesus." Sie könnte aber die Theologen mit „spirituellem Alzheimer" (Papst Franziskus) im Vatikan in einer anderen Frage in Erklärungsnot bringen. Das Menschenbild der Kichwa beinhaltet Mann und

Frau in einem Begriff. Für das Zölibat, oder die elitäre Mannespriesterschaft gibt es keinen sinnvollen Erklärungsspielraum.

Wir huldigen derweil dem Goldenen Kalb der Selbstentmündigung. 5 Minuten vor der Tagesschau, dem Hausaltar für politisch Interessierte, hören wir andächtig „was die Märkte sagen". Und in dem wir dieses Goldene Kalb inthronisiert haben, macht die Frage, „in welcher Welt wollen wir leben?" eigentlich keinen Sinn mehr. Vor dem Verlautbarungsjournalismus der Bundesregierung werden in einem Akt der Gegenaufklärung und Entmündigung die Märkte zu einem Subjekt erklärt, das „handelt", „erwartet" oder „fürchtet". Früher war der Markt eher ein Instrument, um etwas zu erreichen. Der ökonomische Säulenheilige des herrschenden Neoliberalismus, *Hayek*, der auch die chilenische Militärdiktatur beriet, sagte dagegen: „Die Menschen müssen sich den anonymen Kräften des Marktes unterwerfen". Das ist die Perversion des Liberalismus: Freiheit durch Unterwerfung, oder „Digital first – Bedenken second", wie es die FDP es so schön formulierte. Weil aber die Börse im ersten Schritt zu einem „höheres Wesen" erklärt wurde, werden Deuter dieser rätselhaften Mächte wichtiger - in Form von neuen Schamanen. Diese interpretieren orakelhaft für uns im zweiten Schritt den rechtmäßigen Glauben. Nach dem Motto „Was will uns das sagen?" Im dritten Schritt treten die
Priester als Richter auf, die über das Schicksal ganzer Länder, wie Irland oder Griechenland, den Stab brechen. Die Börsen scheinen unbestechlich zu sein. Hinter den von ihnen selbst produzierten Trends von Aktienkursen, Rohstoffpreisen und Wechselkursen rennen die Anleger hinterher, verstärken sie und lösen sie völlig von der realen Ökonomie. Die Zeiten, in denen man den Bären und Bullen (fallende oder steigende Kurse) Beruhigungspillen in Form von Regulierungen verabreichen konnte, sind vorbei. Der Ökonom *John Maynard Keynes* sagte einmal: „Die Liebe zum Geld ist eine Krankheit."

Ein Blick hinter die Kulissen der Wirtschaft zeigt uns drei Arten von **Beteiligung** am erwirtschafteten Ertrag: Für erfolgreiches unternehmerisches Handeln **Profit**. Für Arbeit den **Lohn**. Für Finanzanleger und Immobilienbesitzer Rente aus dem **Besitz**. Die letzte Quelle des Einkommens beruht nicht auf Leistung, gewinnt aber im Zuge der Machtübernahme des Finanzkapitals über

Politik und Realwirtschaft immer mehr an Bedeutung. Wenn Besitz höhere Erträge abwirft als Arbeit oder unternehmerisches Handeln, stranguliert sich die Wirtschaft. Das Gewinnstreben verschiebt sich vom praktischen Tun zur Spekulation auf Bewertungsveränderungen (FR Nr. 179/2018). Mittlerweile übersteigt das vorhandene Geldvermögen (einschließlich Derivate) dasjenige was man davon kaufen kann, um das 15fache! Ökonomisch und vor allem betriebswirtschaftlich betrachtet, kennen wir bald von allem den Preis aber von nichts den wahren Wert. Selbst die Großen der deutschen Wirtschaft sind mittlerweile Getriebene in diesem teuflischen Spiel. Siemenschef *Kaeser* zerschlägt panisch seinen eigenen Konzern, bevor die Finanzhaie ihn als Ganzes kapern, zerlegen und Häppchenweise an Meistbietende verhökern. Langfristige nationale Interessen oder die Mitbestimmungsrechte der Arbeitenden spielen keine Rolle mehr. Eine zukunftsfähige Wirtschaft müsste zumindest den Ausstieg aus dem Landgrabbing und den Ausbruch aus der Vermarktung der Lebensgrundlagen (Bodenfruchtbarkeit, Wasser, Luftverschmutzungsrechte, Natur …) zum Ziel haben. Die große Politik erweist sich immer wieder als Erfüllungsgehilfe für Profitinteressen. Trotz einer klaren Koalitionsvereinbarung der schwarz-roten Bundesregierung, keine Rüstungsgüter an die am Jemen-Krieg Beteiligten zu liefern, wurden in den letzten Monaten Ausfuhrgenehmigungen für die **Rüstungskonzerne** in Richtung Saudi-Arabien in Höhe von 2 Millionen € erteilt (Antwort der Bundesregierung auf eine Anfrage der Linken). Dabei blockieren die Saudis schon jetzt mit von Deutschland gelieferten Schnellbooten jemenitische Häfen und führen damit zu einer Hungersnot, wie die Hilfsorganisationen Care und Save the Children mitteilten (FR Nr.176/2018). Aber wohl alles nicht so schlimm, muss ein zynischer Blick feststellen, Menschen, die von dort vor Krieg, Epidemien und Hungersnot fliehen, schaffen es meist nicht nach Europa. Immerhin spendete die „Aktion Deutschland hilft" im ersten Halbjahr fast 1,4 Millionen € für die Menschen im Jemen. Allerdings liegen die Einnahmen der Rüstungskonzerne durch den Bruch des organisierten Versprechens um etwa 600 000 € höher. Scheint kaum jemanden aufzuregen, liefert ja schließlich niemand Action Bilder wie bei Bombenexplosionen, Feuersbrunst oder

Erdbeben. „Kampf gegen den Terror" (Gut gegen Böse) ist ja viel beliebter, kann man Aufmerksamkeit und Emotionen der Menschen fesseln.

Die New York Times veröffentlichte eine Untersuchung, nach der sich in den USA wesentlich mehr Menschen aus Spaß, Ärger, Frust und Versehen erschießen, als je durch Krieg und Terror umgekommen sind (26.8.2015). Von 1775 bis 2015 waren 1.396.733 US-Amerikaner Opfer von Kriegen (Unabhängigkeitskrieg, Bürgerkrieg, I. WK, II. WK, Korea, Vietnam, Irak, etc.). Aber allein von 1968 bis 2015 waren es 1.516.863 US-Bürger, die durch **Schusswaffen** im Heimatland umkamen, mit freundlicher Kaliberempfehlung von der Nacional Rifle Association (NRA), die nicht als terroristische Vereinigung verboten ist, sondern staatstragend in der Regierung sitzt.

Warum lassen die Menschen es zu, dass die Politik in wesentlichen Fragen massiv gegen die grundlegenden Interessen der überwiegenden Mehrheit der Bevölkerung verstößt?

Immerhin hat jetzt eine **Geschworenenjury** im kalifornischen San Francisco den Pestizidmulti Monsanto im Falle des krebskranken Klägers *Dewayne Johnson* zu 289 Millionen $ **Schadenersatz** verurteilt (FR Nr.186/2018). Ob es nun dem US-Gericht leichter gefallen ist, so zu entscheiden, weil der Konzern kürzlich erst vom deutschen DAX-Riesen Bayer übernommen wurde? Jetzt steht eine Klagelawine von hunderten Farmern, Gärtnern und Konsumenten in den USA an. Ein Sprecher von Bayer kommentierte den Vorgang seltsam unbeteiligt: „Bayer hat das Verfahren als Außenstehender aufmerksam verfolgt."

Einen Tag nach der Sonnenfinsternis in Europa hat die **Freie Hofschule Pente** in Begleitung von über hundert Angehörigen und Gästen am 12. August ihr Schulleben aufgenommen. Nach Kindergroßtagespflege und Waldkindergarten ist dies der dritte Erziehungssektor auf dem Hof.

Mit sommerlichen Grüßen und trockenen Kehlen
Euer Team vom CSA Hof Pente

Grubbern auf Knors Weide – Staubtrockener Boden

OKTOBER 2018

Wer seinen Wohlstand vermehren möchte, der sollte sich an den Bienen ein Beispiel nehmen. Sie sammeln den Honig, ohne die Blüten zu zerstören. Sie sind sogar nützlich für die Blüten. Sammle deinen Reichtum, ohne seine Quellen zu zerstören. Dann wird er beständig zunehmen. (Buddha)

Uns gehören 50 % des Reichtums der Welt, wir machen aber nur 6,3 % der Weltbevölkerung aus… unsere eigentliche Aufgabe der nächsten Zeit besteht darin, eine Form von Beziehungen zu finden, die es uns erlaubt, diese Wohlstandsunterschiede ohne ernsthafte Abstriche an unserer nationalen Sicherheit beizubehalten… je weniger wir dann von idealistischen Sprüchen behindert werden, umso besser. (George F. Kennan, Chef des Planungstabes im US Außenministerium 1948)

Goldene Sonnenbündel durchlichten die fallenden Oktobernebel. Frühe Herbsteskühle erfrischt den sommerdurchsonnten Acker. Fruchtbarer Samensegen von Kastanien, Buchen, Eichen und Linden fällt im Winde prasselnd auf Dächer und Wege. Die alten Germanen nannten nach der **Gelbfärbung** des Laubes diesen Monat Gilbhart (gilb = gelb, hart = viel). Eine Wetterprognose der Bauern lautete: „Ist der Oktober warm und fein, kommt ein kalter Winter drein. Ist er aber nass und kühl, mild der Winter werden will."

Der goldene Oktober, in dem die Traubenlese beginnt, wurde im achten Jahrhundert von Karl dem Großen bereits als Weinmonat bezeichnet. Die alten Römer nannten ihren achten Monat des Jahres mensis october (lat. octo = acht). Das blieb auch nach der Julianischen Kalenderreform von 46 v. Chr. noch so, als der Oktober an die zehnte Stelle verschoben wurde.

Vor Wochen hat schon die Erntezeit für das **Lagergemüse** begonnen. Die **Zwiebeln** konnten aufgrund der Trockenheit im Freiland gut abreifen. Allerdings sind sie aufgrund der Witterung kleiner ausgefallen als im letzten Jahr.

Das bedeutet zwar weniger Massenertrag als im letzten Jahr. Aber dafür sind sie durch ihre konzentrierte Kraft in der Lage, beim Würzen erheblich mehr Flüssigkeit in Form von Tränen hervor zu locken. Wundervoll orangenrot leuchtend und lecker sind die **Hokkaido-Kürbisse** geraten. Da die Ernte doppelt so groß ist wie im Vorjahr, mussten wir sogar ein Dutzend Großkisten zusätzlich besorgen, um sie einlagern zu können. Mit Hilfe der wassersehnenden Bohrkraft, der sonst so überaus lästigen und drangsalierenden Quecken, schafften sie es offenbar, die tieferen Grundwasserschichten auf der „Nien Wiske" anzubaggern. Die sonst so lästigen **Beikräuter** haben in diesem trockenen Jahr eine neue Rolle gespielt. Weil die Zwischenfrüchte, wie Gras- und Kleeaussaaten, schon kurz nach der Keimung verdorrten, liefen die im Boden schlummernden widerstandsfähigeren Beikräuter wie Melde und Franzosenkraut ungehindert auf, ergriffen ihre Chance und legten einen grünen Schutzteppich über den vom Sonnenbrand bedrohten Boden. Denn die grüne Lunge ist bei einem solchen Wetter sonst schwach auf der Brust. Nebenbei dienten die Kräuter den sonst vom Aussterben bedrohten Rebhühnern als Futterquelle. Schließlich konnte *Jürgen* sogar mit dem Feldhäcksler die samenreifen Blütenstände schlegeln und als bereichernde Zutat der transformierenden Kraft des Komposthaufens unterwerfen.

Auch die **Kartoffelernte** ist wesentlich besser ausgefallen als befürchtet. Durch die schonende Bearbeitung der Bodenoberfläche wurden offenbar die Wasserverluste durch die Kapillaren (winzige senkrechte Wasserkanäle im Boden, die durch Adhäsionskraft Grundwasser nach oben steigen lassen) in Grenzen gehalten. Allerdings wurde dabei an einigen Stellen der Kartoffelschorf durch den durch die Bearbeitung eindringenden Luftsauerstoff begünstigt. Wir hoffen, dass es uns gelingt, durch eine gute nächtliche Kaltluftbelüftung, im Lager etwaige Verluste zu verhindern. Insgesamt mussten wir in diesem Jahr durch die Klimaveränderung vor allem beim Getreide erheblich Ertragseinbußen hinnehmen. Allerdings werden wir von dem Gießkannen-Geldregen (Trockenheitsschadenausgleich) der Bundesregierung wohl nichts abbekommen. Der ist offenbar für die Wachstumsbauern geschaffen, die sich durch Modernisierungskredite, zum Beispiel für den Bau von Massentierhaltungsanlagen, erheblich verschuldet haben, damit sie ihre Bankkredite zurückzahlen können. Also letztlich eine Form von Banken-Förderungs-Programm zulasten der vorsichtigeren Bauern, die sich nicht so verschuldet haben. Es ist auch kein Sinn und Verstand darin zu erkennen, denn sonst würde man Maßnahmen fördern, die zeigen könnten, wie man künftig durch Vorsorge und Bodenbearbeitung dem drohenden Klimawandel begegnen kann. So wollen wir gerne eine Anlage zur Speicherung und Nutzung des **Regenwassers** für die Bewässerungsanlage bauen, dafür ist aber im jetzigen Etat kein Geld. Einen Platz für die notwendige Zisterne hätten wir in der ehemaligen Güllegrube mit etwa 170 m³ Fassungsvermögen vor dem Abholraum. Der **Handel** mit **virtuellem Wasser** ist mittlerweile zu einem globalen Geschäftsfeld geworden. Dabei wird zwischen grünem virtuellem Wasser (Niederschlag und natürliche Bodenfeuchte), blauem virtuellem Wasser (künstliche Bewässerung), sowie grauem virtuellem Wasser (das Wasser, das während der Nutzung verunreinigt wird und nur bedingt wieder verwendet werden kann), unterschieden.

Deutschland importiert jährlich 125 Milliarden m³ virtuelles Wasser pro Jahr. Es exportiert in der gleichen Zeit 64 Milliarden m³. 700.000 m³ Wasser werden beispielsweise allein für die Bewässerung eines 18-Loch Golfplatzes in einem Land wie Spanien pro Jahr verbraucht. Mit dieser Menge ließ sich eine Stadt mit 15.000 Einwohnern mit Trinkwasser versorgen. Eine Tasse Kaffee braucht tatsächlich zur Herstellung insgesamt 140 l virtuelles Wasser, 1 kg konventionell erzeugtes Rindfleisch 15.000, und ein Pkw bis zu 450.000 l (Harald Lesch: Die Menschheit schafft sich ab). Der Nahrungsmittelkonzern Nestle gräbt Vittel das Wasser ab. Der Bauer *Benoit Gille*, dessen 750 Shropshire-Schafe sich auf den Weiden rund um den französischen Kurort Vittel tummeln, der berühmt für seine Mineralwasserquelle ist, hat mittlerweile ein Problem. Er muss jeden Morgen mit seinem Tankwagen ins Nachbardorf fahren, um Wasser für seine Schafe aus dem öffentlichen Brunnen zu holen (Tagesschau.de v. 27.8.2018). Währenddessen profitiert der Konzern prächtig von den desinformierten Edelrestaurants in aller Welt, da es dem Nestle Marketing mit ihrem Brainwashing gelungen ist (wie früher bereits bei den afrikanischen Müttern mit Trockenmilchpulver), sein weit gereistes CO2 belastetes Edelnass den ignoranten Gourmets als etwas Besonderes anzudrehen. Wie riskant die Privatisierung öffentlicher Güter und Dienstleistungen ist, sieht man auch an dem Autobahnbrückeneinsturz in Genua. Aus Geldgier versäumte der Modekonzern Benetton als Betreiberfinanzierer die notwendige Sanierung, um möglichst viel Profit einzustreichen, statt auf Sicherheit zu achten.

Es ist ja auch nahezu unglaublich, wie ungeniert das betrügerische Kartell der Automobilmanagermafia in Deutschland seine Gewinne privatisiert, andererseits die Gesundheits- und Umweltrisiken der Allgemeinheit (Risikosozialismus)aufbürdet und dabei von ihren verlängerten Krakenarmen in der Politik (Dobrindt, Scheuer, Söder…) geschützt wird.

Der ehemalige Geschäftsführer von Greenpeace Deutschland und Gründer der Verbraucherrechtsorganisation Foodwatch, *Thilo Bode,* schreibt in seinem neuen Buch (Die Diktatur der Konzerne): „ Die Konzerne wissen, dass sie für dieses Handeln nicht haften müssen. Doch damit nicht genug: sie bemächtigten sich der Gesellschaft und der Politik. Entscheidungen gegen ihre Interessen sind nicht mehr möglich… Warum wir die neue Macht der Konzerne brechen müssen: diese sind mächtiger als Staaten, diktieren Gesetze, zahlen keine Steuern, schädigen die Umwelt, verstoßen gegen Menschenrechte… Es reicht!"

Die intensive Sonnenstrahlung hat dazu geführt, dass unsere Solaranlage bis Mitte September bereits über 13.000 kWh ernten konnte und damit mehr als im ganzen Jahr 2017. Dabei lässt die Bundesregierung kaum eine Gelegenheit aus, um die Weiterentwicklung der **erneuerbaren Energien** abzubremsen. Durch ein kompliziertes teures Ausschreibungsverfahren hindert die Bauern und Bürger am Ausbau der Windenergie. Eine Tragödie für die deutsche Windkraftanlagenindustrie, die nun möglicherweise das gleiche Schicksal erleiden muss wie die deutsche Solarindustrie. Politiker in Niedersachsen beklagen jetzt den massiven **Arbeitsplatzverlust** beim Marktführer Enercon in Aurich, obwohl sie selbst in Berlin genau für diese Politik gestimmt haben, die exakt dieses zwangsläufig zur Folge hat.

Schwalbenschwanz

Die Landesregierung in NRW knüppelt nun im Auftrag des Weltklimazerstörers RWE den Widerstand gegen die sinnlose Zerstörung des Hambacher Forstes und den Weiterbetrieb der Braunkohledreckschleudern nieder. Der Kohlelobby in der Bundesregierung ist es durch einen **Steuertrick** auch noch gelungen, die für den sinnvollen Ausbau der erneuerbaren Energie notwendigen Pufferspeicher als Energieerzeugungsanlagen zu deklarieren und entsprechend jeden Lade- und Entladevorgang steuerlich so zu belasten, dass das Speichern von Energie zu teuer wird und Windkraftanlagen bei Volllast abgeschaltet werden müssen.

In **Ibbenbüren** ist nun das letzte **Steinkohlenbergwerk** unseres Landes geschlossen worden. Die Steinkohle muss jetzt aus Südafrika herangeschafft werden. Die RWE setzt zusätzlich auf den Import von extrem umweltschädlich gefördertem US-amerikanischen **Frackinggas** und hat sich bereits finanziell am

Bau eines Hafens in Brunsbüttel beteiligt. Dieses US-RWE Kartell möchte auch den Import von etwas umweltfreundlicherem Erdgas aus Russland mit der **Nordstream** II Pipeline verhindern. Gaskraftwerke sind für eine Übergangszeit eine CO2-freundlichere **flexible Alternative**, da sie weniger Klimagas ausstoßen und vor allem innerhalb kürzester Zeit einen Lastwechsel vornehmen können, während die trägen Atom- oder Kohlekraftwerke dafür Tage oder Wochen brauchen und daher gar nicht zur Ergänzung der regenerativen Energien taugen. Merkel und Putin scheinen bei ihrem letzten Treffen einig geworden zu sein, die Versorgungssicherheit Deutschlands über die Pipeline sogar auf Basis des Euro abzurechnen statt auf Petrodollars. Das sonderbare Giftgasattentat in England und andere merkwürdige geheimdienstliche Inszenierungen (zum Beispiel des ukrainischen Geheimdienstes) in jüngster Zeit, scheinen jedoch in erster Linie zum Zwecke der Vergiftung der politischen Atmosphäre und damit der Verhinderung dieses Ziels inszeniert worden zu sein.

Zum 80. Geburtstag von Windkraftpionier *Dietrich Koch* aus Mettingen wurde kürzlich im ehrenamtlich geführten Deutschen Windkraftmuseum in Stemwede ein Empfang gegeben. In Sichtweite des Ibbenbürener Kohlekraftwerkes hatte er in den 80er Jahren eine Windkraftanlage (Lagerwey) errichtet und gegen den erbitterten Widerstand des RWE-Konzerns als Erster eine **Stromeinspeisung** ins öffentliche Netz erstritten. Das war uns damals mit unserer Selbstbauanlage nicht gelungen. Wir haben den wertvollen selbsterzeugten Strom damals zum Heizen auf dem Hof verwenden müssen. Koch hatte sich 1990 nach der Wende einen Trabbi zugelegt, den Verbrennungsmotor rausgeschmissen und das leichte blechfreie Fahrzeug in ein Elektromobil verwandelt. Mit der Rennpappe aus Zwickau sauste er nach Spanien und wurde dort mit dem spanischen Solarpreis ausgezeichnet. Eine spanische Zeitung titelte damals: „Kommunistisches Auto gewinnt Sonnenpreis".

Der Museumsleiter berichtete, dass es ihm gelungen war, eine 1500 KW Windkraftanlage vor der Verschrottung durch die RWE zu retten. Diese moderne WKA des Herstellers Tacke wurde von der RWE damals nur deshalb erworben, um 1. die damaligen Förderzuschüsse aus dem NRW Wirtschaftsministerium für sich abzugreifen, damit nicht noch mehr Bürgerwindkraftanlagen errichtet würden. 2. legte der Konzern die Anlage immer wieder still, um zu demonstrieren, wie unzuverlässig die Technik der regenerativen Energien doch sei. Und 3. konnte die Energiemafia nun scheinheilig behaupten, sie sei ja gar nicht gegen deren Nutzung, sie habe ja selbst eine solche Anlage aufgestellt... . Und dem Landkreis Osnabrück gelingt es trotz eindeutiger Beschlusslage immer noch nicht, seine RWE Aktien zu verkaufen - er weiß nicht wohin mit dem Geld.

Das Museum möchte unsere Windkraftanlage gern als Exponat für ein Zeitzeichen erwerben: Allein es fehlt an Geld.

„Stellen Sie sich vor es ist Smartphone und keiner guckt drauf". Die **Freie Hofschule Pente** hat nun ihre ersten Schritte ins pädagogische Leben getan. Begeisterte Kinder und Eltern sind der Dank für die intensive Vorbereitungszeit. Im Obstgarten, der Jurte, der begehbaren Schatzkammer, bei den Hühnern, Ferkeln und Kartoffeln herrscht pralle Lern- und Lebensfreude. Warum soll man auf ein Gerät mit dem angebissenen Apfel glotzen, wenn man sich selbst einen frischen Apfel kletternd aus dem Baum holen kann. Gewissermaßen ein „Neustart", oder auch auf schlecht Deutsch „Life reloadet". Denn wie sagte schon der Erfinder des Computers *Konrad Zuse*: „Es besteht nicht die Gefahr, dass der Computer zum Menschen wird, sondern eher der Mensch zum Computer." Immer noch geistert durch die Medien, trotz aller Erkenntnisse der modernen Hirnforschung, die These von der angeblich notwendigen frühen Beglückung unserer Kinder mit der virtuellen Welt. Man hat jedoch herausgefunden (u. a., Lembke/Leipner: Die Lüge der digitalen Bildung), dass digitale Medien nicht etwa die Wege zur Intelligenzentwicklung bei Kindern erleichtern, sondern zusätzliche Hürden bilden. Die 1. Hürde ist die fehlende Körperbewegung, weil digitale Medien das Bewegungsverhalten von Kindern einschränken und dadurch die aktive und die dynamische Phase der Hirnreifung belasten, und somit der Aufbau kognitiver Fähigkeiten gestört wird.

Die 2. Hürde ist die fehlende körperliche **Verankerung** kognitiver Funktionen: weil fehlende **Bewegungsabläufe** es erschweren, geistige Zusammenhänge zu erkennen. Stundenlanges Sitzen vor Bildschirmen behindert den Aufbau dieser Lerngrundlage. Die 3. Hürde ist die Nutzung der „Neuro-Plastizität":

d.h. die flexible Anpassung des Gehirns an jeweils neue Bedingungen. Wischen, tippen und klicken auf Bildschirm und Tastaturen schaden der Gehirnentwicklung, weil es die Feinmotorik nicht trainiert, sondern sie verkümmern lässt. Die 4. Hürde ist die fehlende „motivational-emotionale-Zuwendung": Elektronische Geräte aktivieren einseitig das Belohnungssystem, welches durch Opiate wie Dopamin angefeuert wird. So vernarren sich die Kinder in diese Geräte und es kommt zu einer Suchtentwicklung. Ein großes Problem entsteht bei Kindern dann, wenn die Fähigkeit des Stirnhirns, kognitive Konflikte zu kontrollieren über den Gebrauch digitaler Medien gestört wird. Überaktivität, Konzentrations- und Denkschwächen können die logische Folge sein. Die 5. Hürde ist die fehlende „Schlafhygiene". Digitale Medien bringen durch abendliche Überreizung den Rhythmus der Hirnströme durcheinander. Abends entwickeln sich langsame Wellen vom Hirnstamm zum Stirnhirn. Sie wollen dort den Tiefschlaf einleiten, der gelegentlich durch rhythmische Impulse aus den Hippocampus unterbrochen wird. Das ist notwendig für die Gedächtnisbildung. Überreizung durch den abendlichen Genuss digitaler Medien stört diesen Prozess empfindlich.

Für wie gefährlich der IT-Experte, Apple-Chef Tim Cook, die Nutzung der asozialen Medien hält machte er in einem Interview deutlich und sagte: "Ich habe keine eigenen Kinder, aber einen Neffen: ich will nicht, dass er soziale Netzwerke nutzt" (Der Spiegel Nr. 13, „Außer Kontrolle").

Dabei ist es den Digitalkonzernen gelungen, nicht nur die Steuergesetzgebung zu ihren Gunsten auf Kosten der Bürger auszuhebeln, sondern auch die Politik davon zu überzeugen, dass das **Suchtpotenzial** in der Bevölkerung für Computerspiele noch nicht völlig ausgenutzt ist. Anders kann man die unterwürfigen finanziellen Förderungszusagen der Politik auf der letzten Gamescom in Köln nicht verstehen. Oder aber sie wird als wichtige Rekrutierungsbasis für die digitalisierte Armee der Zukunft verstanden („Krieg spielen - bei der Bundeswehr" FR Nr. 196/2018). Schon jetzt führen die USA einen völkerrechtswidrigen digitalen Drohnenkrieg - auch von deutschem Boden aus - der international eine gesetzwidrige Lynchjustiz umsetzt, die von der Bundesregierung bislang nicht kritisiert, geschweige denn unterbunden wird.

Zahlreiche Menschen haben uns nach der Zeitungsmitteilung angesprochen, in der berichtet wurde, dass die kleine Hofschule Pente die Kosten für die Nutzungsänderung im Bebauungsplan selber tragen soll. Alleine aufgrund der angeblich erforderlichen Umweltgutachten sei mit Kosten von 50- bis 100.000 € zu rechnen. Es stelle sich die Frage – so ein Mitglied -, ob man dadurch etwa die ehrenamtliche Initiative von Eltern, Pädagogen, Gärtnern und Landwirten schon im Keim ersticken wolle oder ob es sich um einen Schildbürgerstreich der Bürokratie handele? Denn das Umweltschutzprojekt widme sich doch gerade der Umweltbildung und habe doch bereits durch ein Gutachten (Vogelstudie) nachgewiesen, dass durch die aktive Biotoppflege des Hofes der Artenreichtum in den letzten Jahren erheblich zugenommen hat. Es wurde dafür sogar mit dem Umweltschutzpreis des Landkreises Osnabrück ausgezeichnet. Wir versuchen die Menschen zu beruhigen, frei nach Georg Büchner: „Flieder den Hüten, Krug den paar Ästen".

Aber es gibt in der Politik noch Einsichten, Zeichen und Wunder: Der agrarpolitische Sprecher der SPD im Deutschen Bundestag, *Rainer Spiering* sagte am 12. September in der Debatte zum Bundeshaushalt im Plenum des Deutschen

Bundestages folgendes: „Frau Ministerin, es wird sie nicht wundern, wenn ich neben der Digitalisierung noch etwas gefunden habe, was mein Herz sehr anrührt: Das ist die **Solidarische Landwirtschaft**; das wird sie bei einem Sozialdemokraten nicht wundern. Ich halte sie für ein sehr förderungswürdiges Objekt, weil sie zwei Sachen zusammenbringt, die zusammengehören, nämlich die Städte und den ländlichen Raum. Deswegen lassen Sie uns diese wunderbare Entwicklung in der Landwirtschaft entsprechend fördern."

Herzliche Grüße, Euer Team vom CSA Hof Pente

NOVEMBER 2018

Der Herbst ist immer unsere beste Zeit.
  Johann Wolfgang von Goethe (1749 bis 1832)

Der Winter ist die Sünd´. Die Buße Frühlingszeit. Der Sommer Gnadenstand. Der Herbst Vollkommenheit.
  Angelus Silesius (1624-1677)

Ich ziehe deshalb den Herbst dem Frühling vor, weil das Auge im Herbst den Himmel, im Frühjahr aber die Erde sucht.
  Sören Kierkegaard (1813-1855)

Der Oktober läutete mit tief hängenden Wolken, Nieselregen und einem Temperatursturz von 28° auf 8° die neue Jahreszeit ein. Am Sonntag nach Michaeli (29. September) feierte die Mitglieder- und Hofgemeinschaft das diesjährige **Erntedankfest**. Mehr als 200 Menschen jeglichen Alters krabbelten, hüpften, kletterten, spazierten, rollatierten und tanzten über Stock und Stein. Jabar hatte sich zu diesem Anlass mit einem traditionellen afghanischen Feiertagsdress veredelt. Die langen Tische bogen sich unter den vielen mitgebrachten Köstlichkeiten der fantasievollen Mitglieder. Eine Gruppe riss vor Übermut Maisstrünke aus dem Gartenboden, um sie der Kompostierung zuzuführen. Eine andere Gruppe ließ sich durch *Bamse* von der exakten und bodenschonenden Pferdearbeit im Mangold begeistern. Wobei der mächtige Kaltblüter-Wallach, der zugleich ein zart besaitetes Seelchen ist, vor 100 Zuschaueraugen sichtlich unter Lampenfieber litt und von *Rosalinds* beruhigender Hand geführt werden musste. Azubi *Josh* führte eine interessierte Gruppe in die Grundlagen und Geheimnisse der Sauenhaltung ein. Sau *Frieda* stellte prompt voller Stolz ihre „Glorreichen Sieben" vor und betrachtete hellwach mit skeptischem Mutterblick das Ansinnen der neugierigen Menschlein. Die jungen Ferkelchen ließen die Sau raus und zeigten voller Übermut was schweinische Lebensfreude ist. Allerdings behütete ihre Kollegin, Sau *Feline*, sicherheitshalber ihre „Alle Neune" im warmen Nest ihrer Schweinehütte. Die Begeisterung den interessierten Mitglieder wurde etwas enttäuscht durch den Umstand, dass wir von den Behörden gezwungen sind, künftig diese Form von Freilandhaltung einzuschränken und durch eine Stallhaltung mit Auslauf zu ersetzen, sowie durch die Tatsache, dass wir trotz erfolgreicher Versuche mit der Ebermast nun unsere männlichen Ferkel wieder kastrieren müssen, wenn auch schmerzlindernd unter Narkose. Eine Mitgliedsfamilie hatte sogar 2 Big-Bags mit über 500 kg Eicheln gesammelt, um den Schweinen Gütliches zu tun. Wenn auch der Hintergedanke an künftiges zartes nussiges Hinterschinkenfleisch bei manchem Gourmet nicht ganz zu verdrängen sein mag. Einige Eicheln und Bucheckern werden sicherlich noch von unseren Hofschulkindern zur Verjüngung unseres sturmgeschädigten Waldes eingesetzt werden. Denn Sturm und Trockenheit haben den Fichten arg zugesetzt. Den feinen Haarwurzeln rissen ab. Daher konnten die Bäume keinen Harz zur Abwehr der Borkenkäferinvasion bilden.

Erntedank Fest 2018

Die heitere gelöste Stimmung der Mitgliederschaft war auch eine gute Grundlage für Elenas Dreh der Schlussszene des Films für das Crowdfunding Projekt unseres CSA-Hofs, der aus dem Kreis der Stiftungsmitglieder gesponsert wurde. Der Filmemacher *Stefan Czimmek*, Bruder von *Clara Bach*, hatte kürzlich die Rohfassung des Films erstellt, der Spenden für unser Projekt einwerben soll.

Erntedank Fest 2018

Das von *Felix*, *Clara* und *Joachim* mit den Hofschülern kunstvoll errichtete **Michaelifeuer** knisterte und flackerte mit langen leuchtenden Zungen in den Abendhimmel. Selbst das Wetter spielte mit, so dass unter der Begleitung von *Christians* romantisch-hintergründigen Gitarrenklängen entspannt die kulinarischen Köstlichkeiten, einschließlich des im Hofholzofen gebackenen Michaelsschwertes, ratzeputz ihrer lustvollen Bestimmung zugeführt werden konnten.

Michaeli Feuer - Erntedank Fest 2018

Der heilige Michael spielt eine wichtige Rolle im Volksglauben. Danach ist er derjenige, welcher ein Verzeichnis der guten und schlechten Taten eines jeden Menschen erstellt, das ihm an seinem Sterbetag, aber auch später am Tage des Jüngsten Gerichtes, vorgelegt wird. Er hat also die wichtige Position des **Seelenwägers**, der mit über die Zukunft der Seele im Jenseits entscheidet.

Meine Mutter erzählte mir als Kind die Geschichte von einem Menschen, der vor dem Himmelstor stand und in seinem Leben weder besonders gut noch böse gewesen sei. Die Waagschalen hätten sich daher weder in Richtung Himmel noch Hölle geneigt. Da kam plötzlich ein **Marienkäfer** angeflogen und setzte sich auf die Seite der guten Taten. So dass die Schale sich Richtung Himmel neigte. Da fiel ihm ein, dass er einmal einen ins Wasser gefallen Marienkäfer gerettet hatte, der sich dann auf seine Hand setzte und glücklich gen Himmel flog. –

In der Kunstgeschichte wird der heilige Michael immer wieder mit den Attributen Feuer, Wärme und Flammenschwert dargestellt. Daher ordnet man ihm die Farbe Rot in allen Schattierungen als Zeichen für Feuer, Wärme und Blut zu. Berühmt ist das Bild, auf dem die Erzengel Michael, Raphael und Gabriel, Tobias führen (Botticini 1470). In den Apokryphen (Erstes Buch Henoch 1,20-2,70) wird Michael als Lehrer dargestellt, der nicht nur den „Baum des Lebens" kennt, sondern auch „alle Geheimnisse der Barmherzigkeit und Gerechtigkeit, (…) der Enden des Himmels und (…) aller Sterne und Lichter." Der Name dieses himmlischen Wesens Michael (Mi-ka-el) ist jüdisch-hebräischer Herkunft und stammt von: (Mi) (ka)mocha (el)ohim = wer (ist) wie Gott. Er verbindet aber auch die Traditionen des Judentums, des Christentums und des Islam. Dem Heiligen Michael sind zahlreiche alte spirituelle Stätten gewidmet. So die Abtei Mont-Saint-Michel vor der bretonischen Küste in der Normandie oder die Abtei „Skelling Michael", dem Michaelsfelsen vor der irischen Atlantikküste, mit seinen berühmten „beehive huts" (die im Star Wars Film: „Das Erwachen der Macht" eine bildgewaltige Rolle spielten). Eine besondere Rolle spielt auch der **Dom von Speyer**, der nach dem Ort des Sonnenaufgangs am Fest des Erzengels Michael am 29. September des Jahres 1027 ausgerichtet ist.

In der Anthroposophie nach Rudolf Steiner ist Michael der Verwalter der kosmischen Intelligenz und damit die wesenhafte Offenbarung des göttlichen Denkens. Entsprechend ist die Sonnensphäre Michaels geistige Heimat und seine Aufgabe, die Erdentwicklung im christlichen Geiste so zu fördern, dass sich das menschliche Ich so reich und vielfältig wie möglich entfalten kann.

Der November gilt als der Monat, der in die dunkle, windige Jahreszeit führt. Daher sind die alten deutschen Namen, eingeführt im achten Jahrhundert durch Karl den Großen, Windmond oder Nebelung. Sein Name in der heutigen Tradition (lat. novem = 9) stammt aus dem römischen Kalender, der bis zum Jahr 153 v. Chr. gültig war. Eine Fülle von Festtagen, die dem Totengedenken dienen, wie Allerheiligen, Allerseelen, Volkstrauertag, Buß- und Bettag, Totensonntag zeichnen diesen Monat aus. Wir sollten uns daran erinnern: „Noch nie war ich so alt wie heute". Oder: „Bis sie 40 sind, halten viele Menschen das Sterben für eine schlechte Angewohnheit alter Leute." Manchmal verdrängen wir es nach dem Motto von Woody Allen: „Ich habe keine Angst vor dem Sterben. Ich möchte nur nicht gerne dabei sein, wenn's passiert." Zumindest könnten wir die Gelegenheit nutzen, um darüber nachzudenken, wie wir dem Modus der permanenten Selbstoptimierung zeitweilig entgehen können, um stattdessen Barmherzigkeit mit uns selbst und anderen zu üben.

Den Tod würdevoll und freundlich mit ins Leben zu nehmen, ist den **Nabatäern** zumindest architektonisch wundervoll gelungen. Rings um ihre alte Hauptstadt **Petra** (nabatäisch Regmu = die Rote) in Jordanien befinden sich in den Felsen geschlagene wundervolle Begräbnisanlagen, die in Sichtweite der damaligen Bewohner der Stadt monumental in die Landschaft mit ihrer hoch entwickelten Gartenkultur eingebettet sind. Als ich vor Jahren die Gelegenheit hatte, mich über die Wüste Wadi Rum, Drehort des Monumentalfilms „Lawrence von Arabien", der Felsenstadt zu nähern, wusste ich noch nicht, was mich erwartete. Durch eine schmale Schlucht, den Siq, durch die auch die Jahrtausende alte Wasserleitung für die Stadt führt, erblickte ich in der Morgensonne die überwältigende rot-gold strahlende Fassade des **Khazne al-Firaun.** Dieses angebliche Schatzhaus des Pharao, wie die Beduinen irrtümlich meinten, ist in Wirklichkeit aber ein Grabtempel. Hier spielten die letzten Szenen von „Indiana Jones und der letzte Kreuzzug", wo diese Fassade den Eingang zum Heiligen Gral darstellt.

In der bundesdeutschen Agrarpolitik herrscht derweil Totenstarre. Der heilige Gral ist eine **Wachstumspolitik**, die das Weltklima aus den Fugen bringt und die Umwelt vergiftet. Allein im Jahr 2017 ist der Einsatz des krebserregenden Glyphosats um 24% gestiegen, von 3.780 auf 4.694 Tonnen (Bioland 10/2018). Dazu lächelt die Ministerin Julia Klöckner fröhlich „was kümmert mich mein Geschwätz von gestern". Vielleicht wird sie ja bald von *Claudia Schiffer* oder *Heidi Klum* ersetzt.

Böse Nachrichten auch von der *Leyenspielerin* im Bundesverteidigungsministerium. Sie wurde doch glatt von ihrem selbst gewählten Vorgesetzten *Trump* motiviert, ernsthaft über eine deutsche Beteiligung am blutigen Kriegsverwirrspiel in Syrien nachzudenken. Dabei ist sie noch nicht mal in der Lage, einen durch eigene Raketen leichtsinnig entfachten **Moorbrand** im Emsland zu löschen. Das einzige brauchbare Löschfahrzeug versank im Moor bzw. war kaputt. Und nicht nur im Kriege (oder für die Kriegsvorbereitung) stirbt die Wahrheit zuerst. Kurz nach dem problemweglächelnden Besuch der Ministerin im Emsland stellte sich heraus: Das Verteidigungsministerium und andere Behörden erfanden gar nicht gemachte Luft-Messungen, um die Bevölkerung zu beruhigen, obwohl (oder weil) sie wussten, dass im Moor noch zahlreiche Blindgänger mit hochgiftigen Kampfstoffen aus beiden Weltkriegen liegen (NOZ 5.10.2018). Vielleicht aber auch radioaktive Uranmunition, welche die Bundeswehr im völkerrechtswidrigen Jugoslawien-Krieg eingesetzt hat. Aber das hat ja Tradition: im September 2013 fand eine bundesweite **Katastrophenschutzübung** (reine „Schreibtischübung") unter folgender Annahme statt: Störfall im AKW Emsland bei Nordwestwind. Also eine „strahlende Zukunft" für uns. Die Übung ging offensichtlich so daneben, dass darüber zunächst nichts an die Öffentlichkeit gelangte. Inzwischen existiert dazu im www ein Dokumenten-Fundus von rund 1000 Seiten, die von der „taz" ins Netz gestellt wurden.

Von allein passiert nichts, um die Gesellschaft positiv zu verändern. Vor genau 100 Jahren war in Deutschland die Novemberrevolution nötig, um den ersten technischen Krieg mit Millionen Toten zu beenden, die Kriegstreiber in

Militär und Politik abzusetzen, sowie die Demokratie und das allgemeine Wahlrecht zu erkämpfen. Die Seekriegsleitung wollte die deutsche Marine in eine letzte, völlig **sinnlose Seeschlacht** mit der britischen Marine treiben. Hintergrund war die Absicht, die deutschen Kriegsschiffe angesichts der bevorstehenden Niederlage nicht ausliefern zu müssen und die zunehmend rebellierenden 40.000 Matrosen gleich mit zu versenken. Das vereitelten die Kieler Matrosen. Am 5. November 1918 erschienen in der Lübecker Bucht vor Travemünde mehrere Kriegsschiffe, auf denen die Matrosen ihre kriegslüsternen Offiziere abgesetzt hatten und selbst das Kommando übernahmen. Statt der Reichskriegsflagge hissten sie die selbst geschneiderte rote Flagge. Rote Matrosen kamen in die Kasernen und informierten über die revolutionären Ereignisse in Kiel.

Der Osnabrücker Arbeiterjunge *Henry Brandt* hatte eine Gärtnerlehre in Lübeck gemacht und wurde zum kaiserlichen Militär eingezogen. Seine mir erzählten Erinnerungen an diese Zeit des Umbruchs habe ich aufgeschrieben. Die Vereidigung war gleich ein harter Schlag für ihn: „Da wurden wir in einer **Lübecker Kirche** vereidigt auf den Degen. Die Offiziere standen links und rechts in der Kirche und zogen, dass buchstäblich die Funken flogen, die Degen aus der Scheide und hielten sie uns vor die Nase. Daraufhin mussten wir mit der Hand auf dem Degen dem Kaiser die Treue schwören. Nun wusste ich, dass der Kaiser gesagt hatte: wenn ich es befehle, dann müsst ihr schießen, und wenn's auch auf Vater und Mutter wäre. Ich war damals sehr religiös und dachte mir, Donnerwetter noch einmal, man kann doch den Menschen nicht auf so einen Verbrecher verteidigen, auf einen Menschen, der uns auf unsere Eltern schießen lassen würde, noch dazu einen Krieg begonnen hatte und daher ein Massenmörder war. Auf einen Menschen kann man noch niemanden in einer Kirche vereidigen, höchstens auf Gott. Das war für mich damals ungeheuerlich! ... Tja, und dann kam der 5. November 1918.... Als wir am Holsten-Tor ankamen, marschierte uns schon ein Zug entgegen. Die Matrosen waren die ersten, die wir sahen. Sie waren bewaffnet. Etwa 80 Mann und dahinter eine unübersehbare Menge Soldaten und Arbeiter. Wir wurden ebenfalls in diesen Zug hineingezogen und marschierten weiter zu unserer Kaserne. ... Von hier aus ging es dann zu sämtlichen Lübecker Kasernen, um überall die Waffen aus den Waffenkammern zu holen. Nachdem die letzte mit friedlichen Mitteln und ohne Blutvergießen gestürmt war, nahmen wir die Offiziere gefangen. Es wurden ihnen die Achselklappen herunter gerissen, sämtliche Auszeichnung abgenommen und die Degen zerbrochen. Anschließend wurden sie in den Hotelgebäuden am Hauptbahnhof eingesperrt. Von unserem Lübecker Stadtkommandanten machte die Bemerkung die Runde, dass er diese Schmach von dem roten Gesindel nicht überstünde. Wir hatten uns die Uniformzeichen mit rotem Stoff überklebt. An den Mützen hingen rote Bänder herunter oder es gab rote Armbinden. So patrouillierten wir auf den Straßen und nahmen die Offiziere gefangen. Die Macht in Lübeck war zu diesem Zeitpunkt bereits in der Hand unserer Arbeiter- und Soldatenräte…".

Bleiben wir bei Michaels roter Herbstfarbe und der Transformation von Köpfen: Unsere Gärtner haben im Oktober über sechs Kisten leckere Rote Bete geerntet. Die Mitglieder halfen an zwei Abholttagen mit, die Weißkohlköpfe zu schnippeln und sieben große Fässer **Sauerkraut** einzulegen, welches von *Jonas* in blitzsauberen Stiefeln rhythmisch gestampft wurde. Schwarzwurzel und Oxhella Möhren konnten noch vor der Bayernwahl gerodet werden. Bei strahlendem Altweiber-MännerSommer-Sonnenschein gelangten die Winterroggenkörner und die *Dinkelfehsen* (Spelzen mit meist mehreren Körnern) am 12. Oktober in das locker bereitete Saatbett.

Deutschland ist im internationalen Vergleich bei der Entwicklung von pädagogischen Konzepten immer noch weit abgehängt. Im Ranking der Schulleistungen liegen Singapur, Hongkong und Südkorea mit ihren „Paukschulen" inzwischen auf den ersten Plätzen. Zu einem hohen Preis: dieses asiatische Bildungssystem verschlingt nicht nur 20 % des Staatshaushaltes, sondern führt zu erheblichen psychischen Störungen und einer erschreckend hohen Selbstmordrate.

Aber selbst der bisherige Spitzenreiter Finnland ist auf den fünften Platz zurückgefallen. Obwohl dort die pädagogische Alternative - „learning by doing" nach John Dewey, oder „lernen durch Gespräche" nach Jean Piaget, - also weniger durch Lehren, sondern durch Partner- und Gruppenarbeit, Selbstlernen, Nachdenken statt Auswendiglernen, weiter gepflegt wurde. Nun will man dort diese Alternative weiter entwickeln durch die Reduzierung des Unterrichts auf 5-6 h täglich, die Schaffung einer lernbegünstigenden Architektur mit Inseln für Gruppenarbeit und möglichst viel Tageslicht. Auch nimmt man zur Kenntnis, dass die moderne Hirnforschung das von Freinet und Montessori geschätzte Prinzip der Verknüpfung von Lernen mit Handwerk bestätigt, weil es ausgeprägtere Spuren im Gehirn ausbildet. Die höchst erfolgreichen Waldorfschulen im kalifornischen Silicon Valley setzen den Computer erst in der Oberschule ein, obwohl - oder weil – viele der Eltern diesem System beruflich fast vollständig ausgesetzt sind. Sie sagen: „Erst müssen Fantasie und Kreativität im Kind entwickelt sein, bevor sich der Schüler der Künstlichen Intelligenz zuwenden darf." (FR Nr. 226/2018) Man hat auch herausgefunden, dass Schüler, die anderen beim Lernen helfen, bessere Leistungen erreichen als Schüler, die stets nur für sich allein arbeiten. So scheint die Freie Hofschule Pente mit der konsequenten Anwendung des Prinzips der Handlungspädagogik auf dem richtigen Weg zu sein.

Und: An der Brottheke gibt es die Unterschriftenaktion für die Initiative „humane Bildung".

Bunte Herbstgrüße, Euer Team vom CSA-Hof Pente

Streifenwanzen auf Wilder Möhre

DEZEMBER 2018

Wo ist Gott?
Ich versuchte ihn zu finden am Kreuz der Christen,
aber er war nicht dort.
Ich ging zu den Tempeln der Hindus und zu den alten Pagoden,
aber ich konnte nirgendwo eine Spur von ihm finden.
Ich suchte in den Bergen und Tälern,
aber weder in der Höhe noch in der Tiefe sah ich mich im Stande,
ihn zu finden.
Ich ging zur Kaaba nach Mekka,
aber dort war er auch nicht.
Ich befragte die Gelehrten und Philosophen,
aber er war jenseits ihres Verstehens.
Ich prüfte mein Herz und dort verweilte er, als ich ihn sah.
Er ist nirgends sonst zu finden.
(Rumi 1207-1273)

Der **November** hat uns in seiner ersten Monatshälfte mit reichlich Sonne verwöhnt. Die himmlische Feuchtigkeit reichte so gerade aus, um die Wintersaaten auflaufen zu lassen. Für die nächsten Monate wünschen wir uns, dass uns der Himmel gnädigerweise die Bodenspeicher mit dem kostbaren Nass wieder auffüllt und wir mit einem guten Gefühl ins neue Anbaujahr gehen können. Bei den Römern war der **Dezember** der zehnte Monat (decem = 10) des 354-tägigen Mondkalenders. Die unmittelbare Beziehung zwischen Namen und Monatszählung ging im Jahre 153 vor Chr. verloren, als der Jahresbeginn um zwei Monate vorverlegt wurde. Zur Zeit der germanischen Götterwelt wurde dieser Monat auch Julmond genannt und nach der Christianisierung Christmond.

Am 21/22. Dezember ist **Sonnenwende**. An diesem Tag steht die Sonne genau über dem Wendekreis des Steinbocks und damit ist er der kürzeste auf der

Nordhalbkugel. Aus diesem Grunde wurde von den alten Germanen das Jul-fest, oder auch das Lichterfest, als Tag der **Hoffnung** auf den kommenden Früh-ling gefeiert. Leider finden wir in diesem Jahr in unserem Wald keinen „Tan-nenbaum" mehr. Die Sommerdürre hat unseren Fichtenbestand stark dezi-miert. Unsere Revierförsterin sagte, dass infolge der Trockenheit und des da-mit verbundenen Einschlags der Holzmarkt weitgehend zusammengebrochen sei. .....

Der Sinn von **Weihnachten** scheint in unserer Kultur immer mehr abhan-den zu kommen. Manche Menschen fragen sich schon: „Wer zum Teufel ist eigentlich dieser Lars Krismes?" Hoffentlich gelingt es uns, für die Feiertage eine lange **Tu-nix-Liste** anzulegen, die dringend abgearbeitet werden muss. Stellen wir uns das mal vor: Es ist Smartphone und keiner guckt drauf! Erinnern wir uns, der angebissene Apfel war einst ein Zeichen für den Sündenfall und den Auszug aus dem Paradies. Vielleicht ist auch ein Wort vom Erfinder des Computers, *Konrad Zuse*, zum **Fest der Menschwerdung** von Bedeutung: „Es ist nicht die Gefahr, dass der Computer zum Menschen, sondern eher das der **Mensch zum Computer** wird." Also vielleicht doch ein erkenntnis-und segens-reiches Weihnachten feiern: „Das wahre Licht, das jeden Menschen erleuchtet, kam in die Welt. Er war in der Welt und die Welt ist durch ihn geworden, aber die Welt erkannte ihn nicht" (Joh. 1.9).

Vielleicht steht uns ja bald auch noch ein neuer **Feiertag** aus dem saudi-schen Kulturbereich bevor: das **Wunder** von *Khashoggis* **Himmelfahrt**. Und man steht erschüttert und bewegt vor der Glaubensstärke unseres Außenmi-nisters und dem maßlosen Trump. Sie übersteigt offenbar die der päpstlichen Dogmatiker, welche Marias unbefleckte Empfängnis und ihre **leibliche Him-melfahrt** zum Feiertag machten. Es ist der tiefe Glaube, dass die Möglichkeit bestünde, dass die Saudi-arabischen Herrscher nichts mit dem Mord zu tun ha-ben könnten, und die Knochensäge nur für friedfertiges Weihnachtsbasteln in der Botschaft eingepackt worden sei. Denn die tatsächlichen Reaktionen auf diese brutale Tat waren im westlichen Werteverbund - Krokodilstränen mal ausgenommen - sehr bescheiden. **Kein Wunder**: **Öl** gegen **Waffen** läuft wie ge-schmiert. Nur Trump war etwas enttäuscht: „hätte man professioneller machen können". Und dabei lieferte die Beratungsgesellschaft Mc Kinsey geldäugig noch eine abzuarbeitende Liste der störenden Regimekritiker. Mit *Khashoggi* an erster Stelle. Da wissen die mutigen Aufklärer *Julian Assange* und *Edward Snowden* jetzt Bescheid, was ihnen bevorsteht, wenn sie ihre Fluchtecken verlassen. Und der deutsche Außenminister sieht – um eine klare Stellungnahme auszusitzen – für das Offensichtliche noch einen großen **Klärungsbedarf**. Man wünscht ihm eine mutrote Brille! Wie war es doch ganz anders als bei der Skripal-Affäre, da wußte er sofort wo der Böse sitzt: Natürlich im Osten. Der Russe! Die Bundesregierung hat nach massivem Protest der Öffentlichkeit einen Lieferstopp für Waffen an Saudi-Arabien angekündigt. Aber die **Hintertür** ist so groß wie ein **Scheunentor**. Über seine Munitionsfabrik in Sardinien liefert zum Beispiel der deutsche Rüstungskonzern Rheinmetall Bomben und Granaten an die Saudis, die im Jemen Kinder zerfetzen, während wir hier „Stille Nacht" singen. Und der deutsche Wirtschaftsminister *Peter Altmaier* kauft sich in aller Ruhe erstmal eine neue **Ölheizung** (Energie Zukunft Heft 25 Herbst 2018). Man **wundert** sich!

In den letzten Wochen wurde feierlich und beschwörend der 100. Jahrestag der **Beendigung** des **Ersten Weltkrieges** (November 1918) gedacht. Des Endes? Der britische Premierminister *David Lloyd George* gab im März 1919 bekannt: „Die bisher in Südpersien operierende deutsche Armee befindet sich seit gestern in britischem Gewahrsam. Sie besteht aus einem Mann, der als *Wilhelm Wassmuss* bekannt ist." (Claudia Stodte, Iran). *Wilhelm Wassmuss*, ein Bauernsohn aus dem niedersächsischen Landkreis Goslar, schlug Anfang des letzten Jahrhunderts die Diplomatenlaufbahn ein. Als Diplomat in der südpersischen Hafenstadt Buschehr hatte er wenig Lust, sich auf den Diplomatenempfängen herum zu treiben, sondern lernte bei den persischen Stämmen (wie den Tengistani und Kashgai) deren Sprache und Kultur lieben. Er unterstützte zwischen 1914 und 1918 deren Widerstand gegen die **britische** Besetzung und wird dort noch heute als Held verehrt.

Nachdem 1912 die **britische** Kriegsflotte von Kohle auf **Öl** gestellt worden war, hatte die britische Regierung auf Druck die **Aktienmehrheit** an der Anglo-Persian Oil Company (APOC) erworben. Eine Volksbewegung unter Führung des **ersten demokratisch gewählten iranischen Präsidenten** *Mohammad Mosaddeq* (1880 - 1967) führte 1951 zur Verstaatlichung der Nachfolge-Gesellschaft, um die Ausplünderung des Landes zu beenden. Das hatte umgehend einen internationalen **Boykott** aller **iranischen Ölexporte** zur Folge. Dieser Wirtschaftskrieg wurde damals von der britischen und US-amerikanischen Regierung angezettelt. Das hatte eine destabilisierende **Wirtschaftskrise** im Iran zur Folge. Der US Geheimdienst CIA unterstützte in dieser Situation einen Putsch des schahtreuen Generals *Zahedi*. *Mossadeq* wurde abgesetzt (dies ist bis heute noch eine große Wunde im Volksbewusstsein, wie wir selbst vor Ort erfahren durften). Der Rest ist Geschichte (aus der wir lernen könnten). Heute planen die USA, diesmal mit saudischer und israelischer Unterstützung, wieder einen **Regimewechsel** im **Pulverfass Nahost**.

Die letzten Wochen und Monate waren der **Ernte** und **Einlagerung** der kostbaren **Gartenfrüchte** gewidmet. Die Gewächshäuser erstrahlen im saftigen Grün zehntausender **Wintersalätchen**. Die **Bodenvorbereitung** und die **Anbauplanung** fürs kommende Gartenjahr laufen auf vollen Touren. **Maschinen** und **Geräte** müssen aufgearbeitet und repariert werden. Die Landwirtschaftliche **Berufsgenossenschaft** hatte ihr Erscheinen angekündigt und damit die **Sicherheitsüberprüfung** aller Anlagen, Maschinen und Geräte in den Vordergrund gerückt. Umsturzbügel mussten erneuert, Gelenkwellenschutzkappen überprüft, Feuerlöscher und Löschdecken gewechselt, Erste Hilfe Kästen aufgefüllt, Leitern ausgebessert, Anhänger nachgebessert ... werden. Also volle Auftragsbücher für unsere Hofwerkstatt. Dabei wird bei uns immer wieder über die Frage des Materialeinsatzes, der Reparaturfreundlichkeit, der Effizienz und der Verschwendung von **Ressourcen** nachgedacht. Denn unser Planet Erde ist zwar endlich, doch unsere Möglichkeiten sind endlos, wie *Matthias Wackernagel* vom Global Footprint Network formulierte. Wir wollen allerdings nicht so weit gehen, wie die Weibchen der Tiefsee-Anglerfische. Sie fressen und verdauen ihre Zwergmännchen unmittelbar nach der Befruchtung, um keine Ressourcen zu verschwenden.

Als wir im letzten Jahrhundert mit den Kamelen im südlichen Tunesien durch die Sahara ritten, bot sich uns ein eindrückliches Bild. Mehr als fünf

Jahrzehnte nach dem Wüstenkrieg standen im silberglänzenden Salzsee „Schott-el-Dscherid" noch die Holzpfähle, mit denen Generalfeldmarschall *Erwin Rommel* die deutschen Panzerverbände durch die Salzkristalle gelenkt und als Wüstenfuchs die Briten in die Irre geführt hatte. Mehr noch beeindruckte uns aber die Tatsache, dass an fast allen Dornensträuchern der Wüste **Plastikfetzen** hingen, die ihnen der Wind aus hunderten von Kilometern von der menschlichen Zivilisation zugetragen hatte. Heute werden allein in Deutschland rund **364.000 t Mikroplastik** (mehr als 10.000 voll beladene Schwerlast-LKWs) pro Jahr in die Umwelt entlassen (Stiftung Warentest, nach: Lebendige Erde 6/2018). Als **Mikroplastik** werden Teilchen zwischen 0, 1 μm bis 5 mm Größe bezeichnet. Etwa 33 % dieser Teilchen stammen aus dem Verkehr durch Reifen- und Straßenabrieb. Mittlerweile ist dieses Mikroplastik bereits in **Meeresfischen**, im **Boden** und den **Blutbahnen** des menschlichen Körpers zu finden. Mit weitgehend ungeklärten Folgen. Neueste Studien allerdings beschreiben Mechanismen, durch welche Mikroplastik die **biophysikalische** Umgebung des **Bodens** verändert. Auch die Gesundheit des Bodens als Lebensraum für **Organismen** wird **beeinträchtigt**, wie zum Beispiel die Untersuchung an der Verdauungsfähigkeit von Springschwänzen zeigen, die unter der Einbindungswirkung von Mikroplastik leidet (Ökologie & Landbau 4/2018). *Bettina Liebmann*, Expertin für Mikroplastikanalysen im österreichischen Umweltbundesamt, hat in Zusammenarbeit mit der medizinischen Universität Wien anhand von Stuhlproben von Menschen aus verschiedenen Kontinenten **Mikroplastik im menschlichen Körper** nachgewiesen. Die Probanden waren zwischen 33 und 65 Jahre alt, führten eine Woche lang ein Ernährungs-Tagebuch. Alle Teilnehmenden nahmen zu dieser Zeit in **Plastik verpackte Lebensmittel,** oder **Getränke aus PET-Flaschen** zu sich. Niemand ernährte sich ausschließlich vegetarisch. Liebmann konnte bei **allen** Teilnehmenden **neun** verschiedene **Kunststoffarten** in der Größe von 50-500 μm nachweisen. Am häufigsten fanden sich Polypropylen (PP) und Polyethylenterephtalat (PET) (FR Nr. 247/2018).

Total überzeugend ist, wie zwei junge Mädchen auf **Bali** eine landesweite Initiative gestartet haben mit dem Ziel, die **Plastikflut** auf der Trauminsel

radikal einzudämmen. Seht selbst: https://www.newslichter.de/2017/zwei-junge-mädchen-verbannen-plastiktüten-auf-bali/

Wir überlegen, wie wir auf unserem Hof ebenfalls dieser Plastikflut begegnen können. Vielleicht **Kokosfaser-** statt Plastikbesen. Neubau eines **Heulagers** mit Solar-Trocknung statt der mit Plastikfolie umwickelten Silageballen?

Im November war auch die Reinigung des großen **Mobilhühnerstalls** angesagt. *Josh* und *David* verwendeten den Hochdruckreiniger und **verzichteten** völlig auf **Insektizide**. Denn diese könnten sich über die neuen Hühner auf die Eier übertragen. Ist natürlich etwas mehr Arbeit.

Forscher an der Universität in Canterbury, Neuseeland, haben herausgefunden, dass **Bakterien**, die **Glyphosat** oder **Dicamba** enthaltenden Herbiziden ausgesetzt werden, 100.000 mal schneller eine **Resistenz** gegen **Antibiotika** entwickeln als unbehandelte Bakterien. Ihre **Lernfähigkeit** wird **extrem beschleunigt**. (Hoffentlich werden diese Mittel nicht demnächst von der Kultusministerkonferenz zur Anwendung in Schulen empfohlen, um im internationalen Pisa Ranking ganz vorne zu stehen). Der Leiter der Studie, Professor *Jack Heinemann* meinte, dass Angesichts dieser sensiblen Wechselwirkung, die Verringerung von Antibiotika in Medizin und Landwirtschaft allein nicht unbedingt eine Verringerung der Antibiotikaresistenz bei Bakterien zur Folge hat. Es müsste gleichzeitig der Einsatz von Pestiziden wie Glyphosat und Dicamba, welche die **Resistenzentwicklung** so stark beschleunigen, verboten werden, um nicht ins medizinische Mittelalter zurückzufallen (Bauernstimme 11/2018). Ein CSA-Mitglied berichtete, dass es sich in den letzten Wochen einen resistenten Krankenhauskeim an einem verletzten Bein eingefangen habe, bei dem bislang **alle Antibiotika versagten**!

Wespenspinne

Auch auf die Verschlechterung der **Ernährungssituation** hinsichtlich des **Kalzium-** und/oder **Magnesiummangels** hat Glyphosat einen wesentlichen Einfluss. Bei Deutschen, Österreichern und Schweizern ist dieser Mangel nach Untersuchungen der Deutschen Gesellschaft für Ernährung, sowie des Max-Rubner-Instituts, besonders groß. Die Experten meinen, dass die wesentliche **Ursache** darin läge, dass unsere Lebensmittel heute zum größten Teilen von einer **industrialisierten Landwirtschaft** produziert werden. Und weil **Glyphosat zweiwertige Kationen** (wie Kalzium und Magnesium) **bindet** und sie damit den **Pflanzen entzieht**. Man kann sich den ganzen Tag ärgern, aber man ist dazu nicht verpflichtet!

Nach einem Bericht der französischen Zeitung Le Monde mindern Personen, die sich komplett mit **Biolebensmitteln** ernähren, dadurch ihr Krebsrisiko erheblich. Das ergebe eine groß angelegte französische Studie mit etwa 70.000 Probanden. Im Durchschnitt sei das **Risiko**, an **Krebs** zu erkranken, dadurch um 25 % **gesunken**. Für bestimmte Lymphome sogar um sechs 76 % („Bio senkt das Krebsrisiko", in: Bioland 11/18).

Nach der Übernahme des US-amerikanischen Pestizidherstellers **Monsanto** durch den deutschen Pharma- und Agrar-Chemieherstellers **Bayer** sind dessen **Börsenwerte dramatisch eingebrochen**. Mehr als 9600 krebsgeschädigte Kläger in den USA pochen auf Schadenersatz. („Jagd auf Bayer, Operation Monsanto - wie US Anwälte und Aktivisten das Geschäftsmodell des deutschen Konzerns zerschießen", in: Manager Magazin 11/18). Vielleicht muss ich mich auch noch beteiligen.

Der Bayerkonzern wollte trotz der wiederholten dringenden Warnung der Börsenexperten der NvH aus Pente ja nicht von seinem Übernahmegeschäft hinsichtlich des Glyphosat-Herstellers **Monsanto** ablassen. Das hat er nun davon. Nun sind wir schwer damit beschäftigt, uns jedes Anflugs von Schadenfreude zu erwehren. Noch hofft aber Bayer auf die engen Verbindungen der früheren Monsanto-Manager zu den **Republikanern** in Senat und Repräsentantenhaus. Die jüngsten Wahlen in den USA mit einer Teilniederlage für die „Grand Old Party" hat die Lage für die Bayeraktionäre nicht verbessert.

Einer der größten deutschen **Fleisch-** und **Futtermittelproduzenten**, die Rothköttergruppe aus Niedersachsen, kann sich über das **Wahlergebnis** in **Brasilien** vermutlich freuen. Denn sie profitiert massiv vom radikalen **Kahlschlag** der **Amazonas-Urwälder**, der **grünen Lunge** unserer Erde. Der neue Präsident *Bolsonaro*, ein Anhänger und der ehemaligen Militär-Diktatur und Befürworter der Folterung politischer Gegner, sowie ein Gegner der Rechte indigener Völker, des Klimaabkommens und des Umweltschutzes, will den bisher illegalen Kahlschlag legalisieren. Ein *Trump* im Geiste. Wie eine aktuelle Studie der Umweltschutzorganisationen *Robin Wood* und *Mighty Earth* ergeben hat, bezog dieser Konzern riesige Mengen **Soja** von illegal gerodeten Flächen in Südamerika. Eine Analyse der Schiffsbewegungen, Satellitenbilder und wochenlange Recherchen haben ergeben, dass Rothkötter über die US-amerikanischen Agrarkonzerne *Bunge* und *Cargill* mit diesem Grundstoff beliefert wird, um Billighähnchen in Deutschland zu produzieren. Dieses **Industriemastgeflügel** landet in den Regalen von Netto und Lidl (Der Spiegel, Nummer 46/18). Die **Hähnchenschnitzel** verleiben wir **uns** ein, der **Rest** wird billig auf den **afrikanischen** Märkten **entsorgt** und bringt dort die einheimischen **Bauern** um ihre **Existenz**. Wer den Planeten beschleunigt ruinieren will, sollte entherzt zugreifen.

Das **Freihandelsdogma** der liberal-ökonomischen Mullahs soll uns scheinbar bis zum Endsieg über die Natur leiten. Das betrifft auch den Agrarhandel mit Afrika. Europa hat die Geschichte der eigenen Entwicklung und Industrialisierung wohl komplett vergessen. Die Pionierländer des ökonomischen Fortschritts, allen voran England, haben ihre Wirtschaft, so lange es für sie von Vorteil war, vor ausländischer Konkurrenz mit **Schutzzöllen** abgeschottet. Und andererseits mit Gewalt ihre Waren den Schwächeren aufgedrückt, wie z.B. die Briten, die mit Kanonenbooten auf dem Jangtsekiang die Chinesen zwangen, ihnen das Opium abzukaufen, um diese damit abhängig zu machen (Opiumkriege). Für Schutzzölle in Afrika spricht einiges. Warum soll die dortige **Selbstversorgungslandwirtschaft** auf den Weltmarkt getrimmt werden? Mit all ihren ökologischen und sozialen Folgen wie **Monokultur** und **Plantagenwirtschaft**, sowie ihrem **Flüchtlingselend** infolge **Arbeitsplatzvernichtung**.

Es ergibt sich die einfache Frage: **warum** können eigentlich die **Regierungen** demokratischer Länder Gesetze beschließen, die **Reiche** immer **reicher** und die große **Mehrheit** immer **ärmer** machen? Und ein Wirtschaftssystem fördern, welches den Planeten zunehmend ruiniert, sowie die Spannungen so erhöht, dass Konflikte angeheizt, Fluchtbewegungen verstärkt, und militärische Auseinandersetzungen wahrscheinlicher werden.

Und **warum** billigen Bürgerinnen und Bürger, dass ihre Länder und Verbündete Kriege mit Todesopfern und schlimmsten Gräueltaten begehen? Untaten, die von jedem einzelnen als schlimmstes Verbrechen abgelehnt und verurteilt würden.

Der emeritierte Professor für Allgemeine Psychologie an der Christian-Albrechts-Universität Kiel, *Dr. Rainer Mausfeld* beschreibt in seinem neuen Buch: „Warum schweigen die Lämmer?" die Mechanismen und Techniken der Meinungsmanipulation in unserer Mediengesellschaft. Durch **Faktenselektion**, **De-Kontextualisierung** und **Re-Kontextualisierung** werden ideologisch unpassende Fakten unsichtbar macht. Zusätzlich werden **Nichtereignisse** von den Medien gegenüber der Öffentlichkeit so **aufgeblasen**, bis sie alle Fernsehbildschirme füllen und zum wesentlichen Gesprächsthema werden. Das wurde jüngst wunderbar gezeigt am Beispiel der Berichterstattung zur letzten Regierungsbildung und dem immerwährenden Rücktritt eines bayerischen Politikers. Terrorismus, Rechtspopulisten und Einwanderung beherrschen die Schlagzeilen. **Schweigen** herrscht über alle wirklich wichtigen und **entscheidungsrelevanten Themen**, welche wirklich die Mehrheit der Bürgerinnen und Bürgern ernsthaft betreffen. Doch selbst im letzten Bundestagswahlkampf konnte man die Politiker und Politikerinnen der Parteien bestenfalls durch die Farbe ihrer Plakate und Krawatten unterscheiden.

Und nun wittert das internationale **Spekulationskapital** in Form von US-Finanzkonzern Blackrock, und verkörpert durch einen deutschen Politiker *Merz*-enluft, um direkt das **Regierungshandeln** in Deutschland zu übernehmen. Also von der „marktkonformen Demokratie" (Merkel) hin zur „kapitalformierten Gesellschaft" (Merz). Zum Beispiel weg von der staatlich gesicherten Rente zur Finanz- Kapitalrente. Und es scheint ihm bislang nicht zu schaden, dass in seinem Verantwortungsbereich die größten **Steuerbetrüge-reien** der Bundesrepublik zu verantworten sind: der Cum-Ex-Skandal! Merz ist ja nicht nur Aufsichtsratsvorsitzender von Blackrock Deutschland, sondern sitzt auch im Aufsichtsrat der Düsseldorfer Privatbank HSBC Trinkhaus & Burkhardt. Diese steht schwer im Verdacht, sich für seine reichen Profi-Anleger die Kapitalertragsteuer zulasten des Steuerzahlers doppelt und dreifach erschlichen zu haben (Der Spiegel, Nr. 46/2018).

Dabei gäbe es noch weitere überlebenswichtige Themen, bei denen die verantwortlichen Politiker in Deutschland entscheiden müssten, wenn sie **Schaden** vom Volke, wie unter Eid zugesagt, wirklich abwenden wollten. Zum Beispiel: Deutschland hat sich in **Atomwaffensperrvertrag** seit 1973 **völker-rechts-verbindlich** verpflichtet, **keine Atomwaffen** zu besitzen, keine zu erwerben und auch auf jede mittelbare und unmittelbare Verfügungsgewalt über Atomwaffen zu verzichten. Tatsache aber ist: Die Bundeswehr unterhält auf dem Fliegerhorst Büchel in der Eifel ein Tornadogeschwader. Mit diesen Flugzeugen üben **deutsche Piloten** das **Beladen** mit **Atomwaffen**, die unter amerikanischer Verfügungsgewalt stehen. Und sie üben den **Einsatz** und den **Abwurf** der Bomben. Im Fall des Falles ist in Büchel eine Übergabe von US-amerikanischen Atomwaffen an deutsche Flugzeuge und Piloten vorgesehen. Ihr Einsatzbefehl wäre eindeutig **völkerrechtswidrig**! Diese dort gelagerten Waffen sind um ein Vielfaches verheerender, als die Atombomben die 1945 von den USA auf Hiroshima und Nagasaki abgeworfen wurden (Publik-Forum Nr. 13/2018).

Unsere **Hofeswelt** verändert und erneuert sich ständig: rechtzeitig zur Vorweihnachtszeit wurde die kleine *Alma* **geboren**, das Kind von *Clara* und *Felix*. Herzlichen Glückwunsch!

Irene ist nach ihrem mehrmonatigen Aufenthalt zurück in ihre Heimat **Katalonien** gegangen. Vielen Dank für das große Engagement in der Tier- Pflanzen- und Menschenwelt des Hofes!

Gärtnerlehrling *Jonas* geht nach seinem Ausbildungsjahr auf unserem Hof für die weitere Qualifizierung zum solidarischen Gärtnerbetrieb der

Lebensgemeinschaft **Schloss Tempelhof**. Vielen Dank für den freundlichen, engagierten und umsichtigen Einsatz!

Neu ist *Christian*, der nach seinem Studium an der Alanus Hochschule ein dreimonatiges **Praktikum** auf unserem Hof absolvieren möchte. Herzlich willkommen.

Fritzi hat sich entschieden, nach ihrer erfolgreichen Gärtnerprüfung auf unserem Betrieb zu bleiben. Wir freuen uns sehr! Nun will sie aber erstmal für drei Monate in **Mexiko** die Bauern von Chiapas besuchen.

Foto: *v.l.n.r. Kornelia Haugg, Leiterin der Abteilung Berufliche Bildung, Lebenslanges Lernen im Bundesministerium für Bildung und Forschung, Dr. Tobias Hartkemeyer (Hof Pente) & Ingo Wienkämper (Vorstand Gemeinschaftsstiftunghof Pente) und der ehemalige Niedersächsische Wirtschaftsminister Walter Hirche, Vorsitzender des Fachausschusses Bildung der Deutschen UNESCO-Kommission am Nachmittag des 28. November.*

Wir freuen uns, dass die Deutsche UNESCO Kommission, die Bildungs- und Kulturorganisation der Vereinten Nationen, entschieden hat, dem CSA-Hof Pente ihre höchste Auszeichnung zu verleihen. Diese wurde in Niedersachsen bisher nur ein einziges Mal vergeben.

Herzliche Weihnachtsgrüße, Euer Team vom CSA-Hof Pente

MEDIENSPIEGEL 2018 HOF PENTE

FREIE HOFSCHULE PENTE HAT BETRIEB AUFGENOMMEN

Schulstart am Montag - Von Heiner Beinke

Bramsche. Die Freie Hofschule Pente hat am Montag in Bramsche den Betrieb aufgenommen. 13 Jungen und Mädchen versammelten sich zum Schulstart in der Jurte auf dem CSA-Hof Pente.

Insgesamt sind bis jetzt 18 Kinder für die neue Grundschule angemeldet, berichtet Projektinitiator Tobias Hartkemeyer. Die anderen fehlten wegen Krankheit beziehungsweise Umzug. Der Hofherr ist auch Mitglied des „multiprofessionellen Kompetenzteams", das für nachhaltige Bildung auf einem

Bauernhof als Lernort sorgen soll. Zum „erweiterten Kompetenzteam" zählen folgerichtig die Friesen Bella und Diego sowie Schafe, Hühner, Rinder und all die anderen Tiere, die zum Hof gehören.

Begrüßung in der Jurte

„Das fühlt sich am Ende des ersten Tages schon richtig gut an", sagte am Mittag Ulrike Linnemann, die als Waldorflehrerin ihre Erfahrungen mit in das Konzept eingebracht hat. Nach der Begrüßung in der Jurte hatten die Schüler erst einmal ihr neues Lernumfeld erkundet: Die Schmiede, die Feuerstelle, die weiden mit den Tieren und die anderen Räume. Die Sechs- bis Neunjährigen hätten dann gleich „eine Burg und ein Gefängnis gebaut, was man eben so braucht im Leben", erzählte Linnemann. Eine andere Gruppe versorgte die Schweine mit Fallobst. Spielerisches Lernen in einem intakten Umfeld ist ein wichtiger Teil des Schulkonzeptes.

Tobias Hartkemeyer atmete am Montag erst einmal durch. Ob der Start tatsächlich schon jetzt zum Schuljahresbeginn erfolgen konnte, war letzte Woche noch nicht sicher. Am Donnerstag hatte Bürgermeister Heiner Pahlmann

den Verwaltungsausschuss der Stadt Bramsche über den Schulstart informiert. „Im Moment ist das eine Interimslösung" stellt auf Nachfrage der Erste Stadtrat Ulrich Willems klar, dass weitere Fragen unter anderem im <u>gerade erst begonnenen Bebauungsplanverfahren</u> zu klären seien.

Unterstützung

Tobias Hartkemeyer freute sich am Montag jedenfalls über „eine ganze Menge an Unterstützung von allen Seiten". Eine Schulgründung zehn Monate nach den ersten Gesprächen mit der Landesschulbehörde sei „unglaublich schnell", habe er auch von vielen anderen Initiativen gehört. Nun gelte es, das zarte Pflänzchen mit Augenmaß weiter zu entwickeln. Die Schule müsse groß genug sein, um sich finanziell zu tragen, aber nicht so groß, dass das pädagogische Konzept nicht mehr funktioniert, beschreibt er den Spielraum. Da es für Schulen in Gründung keine Finanzierung gebe, sei die Hofschule auf Bürgschaftskredite angewiesen. „Wenn genug Leute daran glauben, kommt das Geld zusammen", setzt er auf die Hofgemeinschaft, die auch die solidarische Landwirtschaft trägt.

Feier am Sonntag

Bereits am Sonntag hatte die Freie Hofschule den Schulanfang auf dem CSA-Hof in Pente gefeiert. Unter weißem Sonnensegel zwischen prallen Obstbäumen sangen und musizierten über hundert Gäste den Beginn des neuen Schuljahres. Die Eröffnungsansprache hielt Dr. Peter Guttenhöfer, der die Waldorflehrerausbildung an der Pädagogischen Forschungsstelle Kassel begründete und heute weltweit Schulgründungen berät. Ein möglichst vielfältiger Bauernhof könne ein spannendes Lernfeld für Kinder bieten, um die Grundlagen des Lebens aus erster Hand kennen zu lernen und darin verantwortungsbewusst aufzuwachsen. Die Welt brauche nicht noch mehr Egomanen, sondern Menschen, für die das reale Mitweltbewusstsein eine Selbstverständlichkeit sei, so Guttenhöfer.

Dieser Hintergrund sei auch der Grund für die positive Unterstützung durch die Landesschulbehörde, die dringend für die Umsetzung der durch die UNO beschlossenen Umweltziele wirbt, glaubt Hartkemeyer. Auch die Verantwortlichen des Landkreises für die Weiterentwicklung des Natur- und Geoparks „terra vita" argumentierten in die gleiche Richtung und hatten ihre Unterstützung zugesagt.

Lehrerteam stellt sich vor

Das neue Lehrerteam, oder wie sich selbst sehen, „Team der Lernbegleitenden", stellte sich am Sonntag der erwartungsvollen Schulgemeinschaft vor. Es besteht aus dem erfahrenen Pädagogen Joachim Kuchenbecker, den Theater- und Erlebnispädagogen Clara und Felix Bach, die bereits in England einige Jahre bei einer ähnlichen Schulinitiative mitgewirkt haben, sowie Ulrike Linnemann, die international in der Lehrerfortbildung arbeitet.

Der Einzug in die neuen Schulräume wurde vom Märchen „Hans im Glück" begleitet. Ein Menschenspalier mit leuchtenden Sonnenblumen zeigte den Kindern den Weg zum kalten Buffet, das viele Eltern und Hofesleute köstlich angerichtet hatten. Selbst der Auszubildende Jabar aus Afghanistan hatte ein Nationalgericht aus seiner Heimat zubereitet, das in Windeseile verputzt war.

CSA-HOF PENTE SETZT AUF PFERDE ALS NUTZTIERE - NOZ

Bramsche

Pente. Pferdearbeit in der Landwirtschaft? Zugpferdefreunde aus der Region haben sich auf dem CSA-Hof in Pente getroffen und haben auf einem Gemüseacker den Einsatz der Arbeitspferde erprobt.

Zugpferdefreunde auf dem CSA Hof mit Arbeitspferden im Einsatz mit Grubber und Häufelpflug in den Frühkartoffeln. Foto: Hartkemeyer

Pferdearbeit in der Landwirtschaft mutet in der heutigen schnelllebigen Zeit etwas altmodisch, bestenfalls romantisch an. Erstaunlich aber ist, dass in den USA aktuell der Anteil der Flächen zunimmt, die mit Pferden bearbeitet werden. Zudem werden dort wieder vermehrt moderne Pferdegeräte entwickelt. Zu diesem Thema findet in den USA Ende Juni eine große Ausstellung statt.

Die hiesige Debatte um Umweltfreundlichkeit und Krisensicherheit der Landwirtschaft hat offenbar auch bei uns zu einer neuen Betrachtung geführt, heißt es in einer Pressemitteilung des CSA-Hofs. Zugpferdeinteressierte aus der Region trafen sich daher auf dem CSA-Hof Pente und haben auf einem Gemüseacker den Einsatz der Arbeitspferde erprobt. Die Vorteile liegen auf der Hand: kein Lärm, keine Abgase, kein tropfendes Öl stört die Natur. Der Bodendruck ist durch die leichtgängigen Geräte zu vernachlässigen. „Man kann viel früher mit der Beikrautregulierung beginnen, weil hier kein Reifendruck bei feuchtem Acker das Bodenleben zerstört", so Gärtner Jürgen Wolter vom CSA Hof. Nebenbei ist diese Arbeit krisenfest und CO2-neutral, da sie weder vom Erdölimport noch vom Stromnetz abhängig ist.

Die Pferde können selbst gezüchtet und die Arbeitsgeräte selbst entwickelt und repariert werden. Pferdearbeit fördere die körperliche Ertüchtigung, meint Tobias Hartkemeyer: „Mittlerweile wird der Umgang mit Pferden auch im gehobenen Managementtraining eingesetzt. Pferde lügen nicht, sie geben ein klares Feedback und testen die Führungsqualitäten". Die Pferdearbeit soll allerdings auf Hof Pente vorerst nur in den Gewächshäusern und im Gemüseacker eingesetzt werden, wo es auf höchste Bodenqualität und schonende Bearbeitung ankommt. Auch Rosalind Kühnert-Hall ist zufrieden. „Es macht einfach Freude, mit den Tieren sinnvoll und praktisch zu arbeiten".

INSEKTEN, LURCHE, KRIECH-TIERE NOZ 28.11.18
NEUE STUDIEN ZUR ARTENVIELFALT AUF DEM CSA-HOF PENTE

Pente. Nach einer Vogelstudie auf dem CSA-Hof Pente im Jahre 2015 hat der Bramscher Naturforscher Rolf Hammerschmidt zusammen mit seiner Frau Lene und Heinz Düing zwei weitere Studien zur Artenvielfalt vorgelegt. Diesmal zur Lage der Insekten sowie zu Lurchen und Kriechtieren.

„Die Ergebnisse sind einerseits aufsehenerregend und zeigen andererseits einen erfolgreichen Weg", meint Rolf Hammerschmidt. „Denn die überwältigenden Ergebnisse unserer ersten Studie hinsichtlich der mittlerweile entstandenen Vogelvielfalt auf dem CSA-Hof Pente sind nur erklärlich, wenn es ein ausgeglichenes Verhältnis zwischen Produzenten und Konsumenten gibt. Ohne eine ausreichende Nahrungsgrundlage in Form von Insekten kann es keine Vogelvielfalt geben". Und diese Nahrungsvielfalt sei in erster Linie ein Effekt des absoluten Verzichts auf chemische Pestizide, vor allem Insektizide. Aber auch ein Ergebnis der angebauten Pflanzenvielfalt.

Der Untersuchungsbereich bezieht zum Vergleich auch Beobachtungen und dokumentierte Ergebnisse der Umfeldregion, wie zum Beispiel die Fließgewässer Hase, Bühner Bach, Nonnenbach, Ueffelner Aue, Engter Bach und Wallenhorster Bach mit ein.

Weltweit gibt es derzeit rund eine Millionen entdeckter, beschriebener und benannter Insektenarten. Diese Vielfalt steht den Nahrungsketten der Landlebewesen zur Verfügung. Vergleichsweise vielfältig sind auch noch die Biotope zwischen dem Hasetal, dem Wiehengebirge und seinen vorgelagerten Flächen. „Es ist die Naht zwischen der norddeutschen Tiefebene und den anschließenden Mittelgebirgen. Die besondere Verknüpfung von Nahrungsketten sind jeweils Multiplikatoren für eine größere Vielfalt, wie sie sich auch im Umfeld des CSA-Hofes entwickelt hat", so Hammerschmidt.

Untersuchung mit Überraschungen

Auch die Untersuchung der Lurche und Kriechtiere brachte Überraschungen. Das Erhebungsgebiet erstreckte sich vom Nordhang des Penter Knapp mit der neuen Trassenführung der Bundesstraße 68 über die im Bergwald des Wiehengebirgs-Ausläufers vorhandenen Lurchgewässer mit ihren volkstümlichen Bezeichnungen Schwarzer See, Grüner See und Blauer See bis hin zum Nassabbau am Hörnschen Knapp. Sie wurden auch hinsichtlich des Artenaustausches näher untersucht. Und auch hier ergab sich eine ungewöhnliche Vielfalt. Allerdings erreichte der Naturforscher mit dem jetzigen Vorhaben, die Gesamtlebewelt in der genannten Region zu beleuchten, schnell die Grenze der Leistungsfähigkeit des kleinen Teams, wie er betonte.

Hammerschmidt wies darauf hin, dass dieser Blick in die Vielfalt und „wunderbare Welt der Lebensformen" die Einzigartigkeit des komplexen Systems Natur erahnen lässt. „Besonders mit dem Artenreichtum der Insekten hat es die Evolution immer wieder verstanden, die richtigen Spezies zu entwickeln und sie zur richtigen Zeit an den richtigen Ort zu bringen.“

Wichtig sei heute die Entwicklung einer Form von Landwirtschaft, vor der die Natur nicht mehr geschützt werden muss. Die Vielfalt nur durch einige geschützte Biotope und isolierte Randstreifen erhalten zu wollen, sei dagegen auf lange Sicht zum Scheitern verurteilt, so Hammerschmidt. „Wir müssen endlich begreifen, dass es nicht um ‚Umweltschutz‘ geht, sondern um ‚Mitweltschutz‘. Denn es werde immer wieder übersehen: „Wir Menschen sind untrennbarer Teil des Systems ‚Leben‘ auf unserem einzigartigen Planeten. Und was wir der Natur antun, tun wir letzten Endes uns selbst an.“

AKTIONSWOCHE MIT KIN-
DERGARTEN   NOZ 07.08.18

Penter Hofschule kümmert sich um Vogelvielfalt

Pente. Die Kinder der Freien Hofschule Pente, des Waldkindergartens Hof Pente und des Kinderbauernhofs (Krippe) erleben eine spannende Herbstwoche. Sie pflegen Nistkästen und pflanzen eine Vielzahl von heimischen Sträuchern, welche Winterfutter für Vögel bieten, um die Artenvielfalt auf dem Hof weiter zu erhöhen. Die niedersächsische Bingo-Umweltstiftung ist Förderer dieses   Projektes.
„Schau mal", ruft Amalia begeistert aus, „wie gemütlich sich die Meisen ihr kleines Häuschen eingerichtet haben: ein richtiges Bett!" Die kleinen Forscher entdeckten auch, was die Brutvögel für Materialien für ihre kunstvolle Matratze verwendet haben: „Nur Moos, Schafwolle und Pferdehaare, keine Plastikfäden wie im letzten Jahr." Sogar Schalenreste waren noch in einigen

Nistkästen zu finden. Daraus konnte mit neugierigem Spürsinn, unter Anleitung der erwachsenen Begleiter, auf die Vogelart geschlossen werden.

Julia Hartkemeyer, Ulrike Linnemann und Joachim Kuchenbecker wurden von den Kindern mit vielen Fragen gelöchert. „Wo können wir noch mehr Nistkästen aufstellen? Wie hell soll das Häuschen für die Vögel sein, damit sie sich wohl fühlen? Was fressen die Vögel im Winter? " So gehörten denn auch das praktische Pflanzen von Beerenbüschen, Eberesche, Kornelkirsche, Pfaffenhütchen, Weißdorn und anderen mit zur Praxis in diesem für die Kinder so spannenden Projekt.

Handwerkliches Geschick gefragt

Vor allem der Bau von Nistkästen für Höhlenbrüter erforderte einiges an handwerklichem Geschick. Die alten Nistkästen wurden gereinigt, die Belegung dokumentiert und die neuen Nistkästen wurden in die Hecken um die Gemüsefelder aufgehängt. Die Baumscheiben der alten und jungen Obstbäume wurden gepflegt und mit Kompost angereichert. Die Erfahrungen beim Gehölzschnitt vom letzten Jahr vertieft.

Ziel des Hofes ist es, langfristig im Gemüsebau weitgehend auf Kulturschutznetze verzichten zu können, mit denen zum Beispiel der Weißkohl im biologischen Landbau vor den gefräßigen Maden der Kohlweißlinge geschützt wird. Vor allem in der Brutzeit im Frühjahr benötigen die Singvögel große Mengen tierisches Eiweiß, um ihre Jungvögel ernähren zu können. Später im Herbst leben sie dann vor allem von den Samen und Beeren der Blühstreifen und Hecken. Die Maßnahmen der Naturschutzwoche sollen die Vielfalt, die Qualität und die Selbstregulierungsfähigkeit dieses Biotops auf dem CSA-Hof Pente stärken.

PFERDE IN DER LANDWIRT-SCHAFT – WORKSHOP IN PENTE NOZ 29.10.2018

Den Einsatz von Pferden in der Landwirtschaft probten die Teilnehmer eines Workshops in Pente. Foto: Elena Beleites

Pente. Gärtner und Landwirte hatten sich für ein Wochenende auf Hof Pente eingefunden, um im Zugpferdeeinsatz für Landwirtschaft und Gartenbau ausgebildet zu werden.

Ziel dieses Wochenendes war es, zu den Bereichen Anspannung, Umgang mit den Pferden und der spezifischen Arbeitsweise von pferdegezogener

Landtechnik Erfahrungen zu vermitteln, den praktischen Einsatz zu üben und die entsprechende Prüfung abzulegen.

Vielen mag die Vorstellung des Einsatzes von Pferden in der modernen Landwirtschaft und im Gartenbau völlig unzeitgemäß erscheinen. Der Referent und Trainer Klaus Strüber, der selbst seit 20 Jahren zu diesem Thema praktisch arbeitet und forscht, machte deutlich, dass bei einer Gesamtbetrachtung in vielen Fällen dieses Thema hochaktuell sei. Das zeigten neuere Forschungsergebnisse in den USA, wo die mittlerweile etwa 300.000 Amish People, eine Religionsgemeinschaft, die ursprünglich aus Deutschland stammt, eine Agrarkultur entwickelt haben, die voll auf der Pferdewirtschaft basiert. Was die Flächenerträge betreffe, die Qualität der Produkte und die wirtschaftliche Eigenfinanzierung, läge diese Form von Landwirtschaft in den USA an der Spitze.

Auch bei uns hätten die Themen Bodenverdichtung durch schwere Arbeitsmaschinen, die Bodenverschlämmung durch Starkregen als Folge des Klimawandels, CO2-Vermeidung, Energieautarkie und auch das Thema Feinstaubbelastung bei einigen Praktikern zu einer Neubewertung des Pferdeeinsatzes geführt. Dazu kämen persönliche Aspekte wie die Freude im Umgang mit Tieren, die Stille, die es ermöglicht, dass die Arbeit sogar meditativen Charakter bekommen könne, der Genuss von frischer, abgasfreier Luft und das unverfälschte Feedback, das Pferde hinsichtlich der eigenen Führungsqualitäten geben können.

Verschiedene Geschirrformen

Klaus Strüber stellte zunächst die verschiedenen Geschirrformen vor. Während im norddeutschen Flachland früher das Brustblattgeschirr vorherrschte, sei das Kummetgeschirr in Süddeutschland weiter verbreitet gewesen. Dort sei es aufgrund der gebirgigen Verhältnisse auf höhere Zugleistungen angekommen. Auch die Amish People hätten sich auf das Kummetgeschirr spezialisiert und stellten es noch heute mit einigen Weiterentwicklungen in ihren Manufakturen selbst her. Zunächst lernten die Teilnehmer das Anlegen und die Einstellung dieser Geschirrform in der Praxis. Ziel sei es, durch die richtige Aufbewahrung und Anlegetechnik die tägliche Rüstzeit auf zehn Minuten pro Pferd zu verkürzen, um die praktische Anwendung auch arbeitswirtschaftlich gesehen vertretbar zu gestalten.

Anschließend zeigte der Referent den praktischen Umgang mit den Pferden. Es sei außerordentlich wichtig, dass der Mensch die Ausdrucksweise der Pferde verstehen könne, um dem Tier die richtigen Signale geben zu können. Dabei sei es nicht so wichtig, was man sage, weil das Pferd eher auf die eigene Haltung und Einstellung des Menschen, auf den Klang der Stimme sowie auf die Körpersprache der führenden Person, reagiere. Vor dem Pferd herzugehen, sei die Rolle der Leitstute, die Position des neben dem Tier gehenden Menschen eher die Rolle eines Freundes und das Leiten von hinten die Position des Leithengstes. Wenn das Pferd das Gefühl habe, einem Menschen voll vertrauen zu können, sei es zu großartigen Leistungen fähig. Allerdings müsse man auch berücksichtigen, dass Tiere als Lebewesen eine gewisse Leistungsgrenze haben und auch Pausen benötigen. Demonstriert und praktisch ausprobiert wurden diese Erkenntnisse auf Hof Pente mit der Schleswiger Kaltblutstute „Lotte" und dem mächtigen Schwedisch-Ardenner Wallach „Bamse".

Auf dem Hof wurde eine breite Palette von historischen und aktuellen Landmaschinen vorgestellt, die für Pferdezug geeignet sind. So etwa eine Drillmaschine oder eine einfache Netzegge, die in der mechanischen Beikrautregulierung ökologisch gesehen, gute Dienste leistet und ein Geräteträger, der sowohl mit Häufelelementen als auch mit modernen elastischen Fingerhackelementen ausgerüstet werden kann. Besondere Aufmerksamkeit fand, der von einer Amish-Manufaktur entwickelte und aus den USA importierte Miststreuer mit Bodenantrieb.

PENTER HOFSCHULE MUSS PLANUNGSKOSTEN SELBER TRAGEN - NOZ

Von Heiner Beinke --**Bramsche**

Bramsche. Die Planungskosten für den Bebauungsplan zur Hofschule Pente wird der CSA-Hof als Verursacher selber tragen müssen. Darauf haben Vertreter fast aller Parteien im Bramscher Stadtrat in der Sitzung des Fachausschusses am Donnerstag hingewiesen. Die Kosten werden auf knapp 100.000 Euro geschätzt.

Im Mai hatte der Ausschuss für Stadtentwicklung und Umwelt der Bramscher Stadtverwaltung den Auftrag erteilt, einen Bebauungsplan für das Projekt aufzustellen. Die Politik hatte damals ihre Sympathie für die freie Hofschule Pente ausgedrückt, die dann auch mit Beginn des neuen Schuljahres ihren Betrieb aufgenommen hat.

Klares Votum

Unter dem Punkt Informationen hakte Baudirektor Hartmut Greife in der Sitzung am Donnerstag noch einmal nach. Er bat um Auskunft, wie es der Rat denn mit den Planungskosten halten wollte und bekam ein klares Votum: SPD, FDP, CDU und Grüne traten für die Anwendung der Grundregel ein, wonach der Verursacher einer Planung sie auch zu bezahlen habe. Lediglich Bernd Rohe von den Linken sah die Planungen im Interesse der Stadt, fand aber außerdem, die Schule solle nicht in privater, sondern in öffentlicher Trägerschaft geführt werden.

„Wir haben das in der Fraktion sehr intensiv diskutiert. Es bleibt dabei, der Verursacher hat die Kosten der Planung zu tragen", bekräftigte Oliver Neils die Haltung der SPD-Fraktion. Dem schloss sich für die CDU Ernst-August Rothert an, der darauf verwies, dass im Rahmen der Planung auch die Frage der Zuwegung von der alten Bundesstraße bis zur Schule geklärt werden müsse.

Verursacherprinzip

Über das Konzept wolle sie gar nicht urteilen, meinte für die FDP Anette Staas-Niemeyer. Aber die Anwendung des Verursacherprinzips bei anlassbezogener Planung müsse beibehalten werden. „Wir können da auch nicht gewichten, ob das gut oder böse ist", sah sie auch bei größter Sympathie für das Projekt keine Möglichkeit, von dem Grundsatz abzuweichen. Das sah auch Barbara Pöppe (Bündnis 90/Die Grünen) so. Sein Bedauern äußerte SPD-Ratsherr Volker Schulze: „Das ist eine Bereicherung für die Stadt Bramsche", fand er das Projekt unterstützenswert.

Der Ausschussvorsitzende Ralf Bergander (SPD) betonte, die Stadt werde das Planverfahren „völlig wertneutral" durchführen. Das könne auch nicht „auf der Schiene Pro und Contra" diskutiert werden: „Wir halten uns da an Recht und Gesetz." Selbstverständlich sei auch der Weg zu dem Anwesen Gegenstand der Planung. „Wir reden hier über eine Schule", betonte Bergander.

Die Planungskosten hatte Baudirektor Greife bei der Planaufstellung auf rund 60.000 Euro geschätzt. Inzwischen wird aber noch von einer deutlich höheren Summe ausgegangen. Das könne bis zu 100.000 Euro gehen, heißt es aus Ratskreisen. Unter anderem ist eine aufwendige Umweltprüfung vorgeschrieben.

„100.000 Euro Wahnsinn"

„Das macht die Sache für uns natürlich nicht einfacher", kommentiert Tobias Hartkemeyer als Initiator der Schule die Entwicklung. Für ihn stellt sich vor allem die Frage, ob die aufwendige Umweltprüfung sein muss bei einem Hof, der sich Erhaltung und Ausbau der ökologischen Vielfalt auf die Fahnen geschrieben hat. Dieser Teil der Planungen verursacht den Hauptteil der Kosten. „100.000 Euro wären natürlich ein Wahnsinn", meint Hartkemeyer. Die Planungskosten müsste die Gemeinschaftsstiftung Hof Pente stemmen, die die Schule betreibt. Derzeit wird der Betrieb der Schule, für den es in den ersten drei Jahren keinerlei Zuschuss gibt, über das Schulgeld der Eltern und vor allem über Bürgschaftskredite finanziert

LESERBRIEF 1

Dr. Martina Hartkemeyer - Bramsche, den 23.02.2018

Leserbrief zum Interview mit BfR-Präsident Andreas Hensel vom 21.02.2018,

"Darum haben Deutsche so viel Angst vor Glyphosat" Mit der Bitte um Veröffentlichung

Wissen sie, was sie tun?

Was haben Gentechnik, die Anwendung von Pestiziden, insbesondere Glyphosat (Roundup) die Entstehung und Verbreitung neuer Krankheiten und die zunehmende Unfruchtbarkeit von Mensch, Tier und Boden miteinander zu tun?

Herbizide wie Glyphosat wirken als Metall-Chelatoren. Das heißt, sie können verschiedene wichtige Nährstoffe festhalten, so dass sie nicht mehr verfügbar sind. Das Wort Chelat kommt aus dem griechischen von Chela = Krebsschere.Unser roter Blutfarbstoff Hämoglobin ist so ein Chelatkomplex, eine metall-organische Verbindung. In der Mitte befindet sich ein Metallion, das Eisen (Fe). Es sorgt für die rote Farbe des Lebenssaftes. Nur die mit Eisen beladene „Krebsschere" des Blutes kann den Sauerstoff der Luft binden und den Körperzellen zuführen sowie Kohlendioxid abtransportieren.

Ein anderer Chelator ist das grüne Chlorophyll. Es ist in der Lage, in den Pflanzenblättern das Sonnenlicht zu nutzen (Photosynthese) und den Kohlenstoff der Luft zum Aufbau des Lebens zu nutzen. Ohne dieses Wunderwerk der Natur wäre kein Energiegewinn möglich, wäre unser Leben auf der Erde nicht möglich. Chlorophyll hat in seiner Mitte als spezifisches Zentralion das Magnesium.

Landwirtschaft ist ein System. Wenn wir in dieses System eingreifen, verändern wir das Zusammenspiel aller anderen Komponenten mit. Wenn wir die Fruchtfolge verändern oder Herbizide einsetzen, verändern wir die Interaktion, die Wechselwirkungen vieler Komponenten.

Die Giftigkeit von Metall-Chelatoren wie Glyphosat für Pflanze und Boden besteht darin, dass sie den Pflanzen und Mikroorganismen einen wichtigen

Nährstoff entziehen, ihn immobilisieren. Viele der Metallionen, die von Chelatoren abgefangenen werden(z.B. Zink, Kupfer, Eisen, Mangan) sind zur Bildung von Enzymen und somit für den Stoffwechsel von Pflanzen, Tieren und Menschen nötig. Glyphosat wirkt mit seinen „Fangarmen" als Chelator ähnlich wie das Hämoglobin oder das Chlorophyll. Es kann z.B. bestimmte Mikronährstoffe – wie Zink, Kupfer, Eisen, Mangan -, festhalten, sie unverfügbar machen. Vergleichbar ist dies etwa mit der Wirkung von Antibiotika auf Bakterien, auch hier wird durch die Hemmung bakterieller Enzyme der Stoffwechsel stillgelegt. Sind sie verfügbar, haben diese Mikronährstoffe im Boden eine katalytische Wirkung und ermöglichen oder fördern Stoffwechselprozesse. Werden diese Spuren-Elemente von einem Giftstoff – wie z.B. Glyphosat - quasi eingefangen, können auch viele andere wichtige Lebensformen im Boden verzögert oder blockiert werden. So verändert sich die Qualität des Bodenlebens, weil Glyphosat für viele nützliche Mikroorganismen extrem giftig ist.

Die Gentechnik wird benutzt, um einer gewünschten Kulturpflanze - wie dem Mais, dem Soja, dem Raps - das Überleben zu sichern, indem sie Pflanzen einen alternativen Stoffwechselweg ermöglicht, (einen Stoffwechelweg, der unabhängig von den aus Mangel an Rohstoff nicht mehr gebildeten Enzymen funktioniert), damit sie die Anwendung der giftigen Chemikalie überstehen. Dabei wird außer Acht gelassen, dass der Einsatz von Glyphosat auch für die durch Gentechnik herbizid-resistent gewordenen Pflanze selbst erhebliche negative Auswirkungen hat. So ist eine unausweichliche Nebenwirkung des Giftstoffes, dass ungewollt auch andere Enzyme (mehr als 25), gehemmt werden, die die vom Gift blockierten Spurenelemente eigentlich benötigen. Das führt dazu, dass eine äußerlich gut entwickelte Pflanze, die verfüttert wird, bei den Tieren Mangelerscheinungen – wie z.B. Unfruchtbarkeit – hervorrufen kann, weil die eigentlich in der Futterpflanze notwendigen Spurenelemente fehlen oder immobilisiert sind.

Glyphosat oder seine Abbauprodukte gelangen durch die Fütterung in den Stoffwechsel der gefütterten Tiere. Was sie dort bewirken, ist noch weitgehend unerforscht. Nachgewiesen wurde in Untersuchungen, dass z.B. die Aufnahme und Effizienz von Eisen um 50% und die von Mangan, das für die

Leberfunktion wichtig ist, sogar um 80% verändert wurde. Es werden also nicht nur wichtige Lebensfunktionen im Boden beeinträchtigt, sondern auch Funktionen der Kulturpflanzen. Als Ergebnis erhält man eine in der Nahrungsqualität beeinträchtigte Pflanze, die diese giftigen Eigenschaften weitergibt. Dazu kommt, dass Glyphosat innerlich wirkt, also nicht abwaschbar ist. Es wird von der Pflanze aufgenommen und wirkt systemisch über den Stoffwechsel und reichert sich insbesondere an Wachstumszonen an. Glyphosat wird auch als Erntebeschleuniger zur schnellen Abreifung benutzt. Dabei konzentriert es sich im Samen.

Die lange Verweildauer (Persistenz) und geringe Abbaurate des Giftes führen dazu, dass sich die Menge an Rückständen im Boden mit jeder Rundup Ready-Anwendung erhöht. Gleichzeitig wächst die Toleranz der behandelten Pflanze. Um die Wirkung beizubehalten, muss daher die Aufwandmenge ständig erhöht werden.

Stickstoff kann dem Boden entweder durch synthetisch hergestellten Dünger zugeführt werden oder durch den Anbau von Leguminosen (Hülsenfrüchten), die bis zu 75% ihres zur Eiweißbildung benötigten Stickstoffs durch Knöllchenbakterien decken können. Diese Bakterien, die an den Wurzeln der Leguminosen leben, sind in der Lage, Luftstickstoff zu binden und in einem symbiotischen Austauschprozess an die Nutzpflanze abzugeben. Durch Glyphosat verlieren diese kleinen Stickstoff-Kraftwerke ihre funktionelle Kapazität, sie werden zerstört. So bewirkt Roundup einen zusätzlich höheren Energieverbrauch, da die Stickstoffproduktion der Leguminosen blockiert wird und Dünger zugekauft werden muss.

Die Störung der Selbstregulations- und Ausgleichsprozesse des Bodens führt zum Anstieg von Krankheiten und zur Entstehung zuvor unbekannter Krankheiten. Sowohl Pflanzenkrankheiten aber auch neue Krankheitswirkungen bei Tier und Mensch wurden beobachtet. Beispielsweise scheint es so, dass der chronische Botulismus, der eine neue Berufskrankheit in Michviehbetrieben zu werden droht, eine Folge dieser Vergiftungen ist. Der Erreger „clostridium botulinum" kommt überall im Erdreich vor. Durch Glyphosat im Futter scheinen die toxischen Wirkungen der Clostridien zuzunehmen. (Forschungen von Frau Prof. Dr. Monika Krüger)

Glyphosat wird im Boden nicht einfach abgebaut. Es kann sich mit Kalzium, Magnesium, Eisen und anderen Nährstoffen verbinden. Durch diese Chelatbindung ist der Boden nur scheinbar entgiftet. Aber bereits durch geringe Anwendung phosphathaltiger Düngemittel kann das Gift wieder freigesetzt werden und hat dann eine starke Auswirkung auf die Effizienz der Pflanze, Nährstoffe zu verwerten. Besonders Kinder scheinen sensibel darauf zu reagieren. Diese Prozesse scheinen sogar bis zu 3 Monate vor einer Befruchtung wirksam zu sein und gefährden Schwangerschaften.

Selbst im organischen Dünger bleiben die giftigen Wirkungen erhalten. Die Hoffnung, dass sich Glyphosat schon im Boden abbauen wird, sind trügerisch: das erste Abbauprodukt (AMPA) scheint noch giftiger als Glyphosat zu sein. Dort, wo Gülle mit Glyphosat-Rückständen ausgebracht wurde, die aus den Futtermitteln von Hühnern oder Schweinen stammen, sind die Wirkungen in weiteren Kreisläufen nachweisbar. Bei Untersuchungen von Rindern, die auf mit Glyphosat gedüngten Weiden gehalten wurden, konnten Spuren von Glyphosat im Sperma, in der Plazenta und den Föten nachgewiesen werden. Die Fruchtbarkeit nachweislich stark gestört (30-40%). Auch bei den Menschen ist diese Wirkung zu beobachten. Glyphosate sind wirkungsvolle Störer des endokrinen Hormonsystems sowie auch der Leber und des Blutes.

Forschungen zu diesen Phänomenen finden nur sehr eingeschränkt statt, weil die Mittel und Verfahren patentiert sind. Monsanto und andere haben den Regulierungs- und Forschungsprozess weitgehend monopolisiert. Etwaige Forschungsberichte dürfen aus patentschutzrechtlichen Gründen nicht ohne weiteres veröffentlicht werden. Zusätzlich, so der us-amerikanische Wissenschaftler Don Huber, wird von vielen durch den Entzug von Forschungsgeldern eine Art Vergeltungseffekt befürchtet.

LESERBRIEF 2

Dr. Johannes F. Hartkemeyer - Dipl.-Ing. für Landbau - 49565 Bramsche

Leserbrief zum Interview mit Herrn Andreas Hensel in der NOZ vom 21.2.2018 - Mit der Bitte um Veröffentlichung

Unwissenschaftlich und geschichtsvergessen!

Es ist schon erstaunlich, dass der Präsident eines Instituts, das der Steuerzahler bezahlt, um Risiken zu minimieren, glaubt, völlig auf wissenschaftliche Argumente verzichten zu können.

Auf Anraten der Offizialberatung hatte ich als 18jähriger konventionell ausgebildeter Landwirt die Pflanzen-"schutz"?mittel von Bayer - 2,4-D und 2,4,5-T - im Tank. Das war das Vietnamgift, wie ich entdeckte, das weltweit versprüht wurde. Denn während des Vietnamkrieges produzierten Monsanto und Bayer über die gemeinsame Tochtergesellschaft Mobay das berüchtigte Entlaubungsmittel „Agent Orange", ein Pestizid, welches bis heute zehntausende missgebildete Kinder und Krebsfälle hervorgerufen hat, sowie über 20% Vietnams dauerhaft für die landwirtschaftliche Nutzung unbrauchbar machte. (Seymour R. Hersh, Chemical and Biological Warfare).

Für mich war dieser Zusammenhang ein Erweckungserlebnis, welches mich vom Saulus zum Paulus werden ließ.

Heute schätzt die Weltgesundheitsorganisation (WHO) die Zahl der Pestizidvergiftungen auf bis zu 10 Millionen. 200 000 Fälle verlaufen tödlich. Glyphosat ist mit seiner heimtückischen Wirkung nur die Spitze des Eisbergs.

Ein reflektierter Blick in die Geschichte, auf den Herr Hensel verzichten möchte, macht deutlich, wie eng Profitinteressen und Politik, sowie der Missbrauch von Chemie und Landwirtschaft miteinander verflochten sind.

Bereits der I. Weltkrieg wäre in dieser Brutalität ohne die Chemiekonzerne Bayer und BASF nicht möglich gewesen. Infolge der Seeblockade der Alliierten fiel der Import des Chilesalpeters (Guano Vogelkot), der sowohl als Dünger als auch Sprengstoff nutzbar war, weg. Carl Bosch von der BASF und Carl Duisberg, Bayer, gaben dem deutschen Kriegsministerium das sogenannte Salpeter-Versprechen. Das heißt, diese Firmen erhielten von der Regierung einen Vorschuss von 432 Millionen Reichsmark und eine Abnahmegarantie für ihren Sprengstoff Ammoniumnitrat, der in der Folge Millionen Menschen zerfetzte. Bis Kriegsende 1918 waren erhebliche Produktionskapazitäten entstanden. Daher machte der Staat nach dem Krieg massiv Werbung für den Einsatz dieses Stoffes als Stickstoffdünger in der Landwirtschaft, damit die Profite der Chemiekonzerne nicht einbrachen. Auch stammen die meisten Agrogifte aus der Giftgasforschung.

Ein internationales Team von Forscherinnen und Forschern unter der Leitung der Pflanzenpathologin Ariena van Bruggen von der Universität Florida gibt auf der Basis von 220 Studien, die offenbar vom BfR nicht zur Kenntnis genommen werden, einen breiten Überblick zu den potentiellen Auswirkungen des Herbizids.

Ihr Fazit: Die in der Landwirtschaft rund um den Globus beliebte Chemikalie verändert die Gemeinschaft der Mikroorganismen in den Böden massiv. Für Menschen erhöht Glyphosat nicht nur das Risiko von Krebs, sondern auch für neurodegenerative Erkrankungen wie Alzheimer oder Parkinson. Und: Es führt zu Kreuzresistenzen gegen Antibiotika. Das bedeutet, Bakterien, die nicht mehr auf Glyphosat reagieren, entwickeln diese Unempfindlichkeiten auch gegenüber anderen Substanzen.

Das alles entgeht Herrn Prof. Hensel, weil er sein Gutachten in wesentlichen Punkten von Monsantos Zulassungsantrag abgeschrieben hat, wie das Umweltinstitut München feststellte.

Wenn schon Herr Freiherr von und zu Guttenberg wegen der Plagiatsvorwürfe in seiner ungefährlichen Dissertation seinen Ministersessel räumen musste, wie sieht es in diesem Plagiatsfall aus, der die Gesundheit von Millionen betrifft?

LESERBRIEF 3

An die Unabhängige Bauernstimme - Bramsche, den 02.10.2016

Leserbrief zur Berichterstattung über die Übernahme von Monsanto durch Bayer

Der größte Deal der deutschen Wirtschaftsgeschichte, der Zusammenschluß der Konzerne Bayer und Monsanto, ist eine Kriegserklärung an eine vielfältige, umweltfreundliche, bäuerliche Landwirtschaft. Monsanto ist die treibende Kraft hinter dem Krebsgeschwür der industriellen Landwirtschaft, die weltweit durch Pestizide und Gentechnik die Artenvielfalt vernichtet, das Trinkwasser vergiftet und die Klimakatastrophe fördert (Monsanto Tribunal). Der Chemiegigant Bayer hat ebenfalls eine „beeindruckende Geschichte" (Merkel zum 150. Firmenjubiläum), die man kennen sollte, um eine realistische Einschätzung der Skrupellosigkeit ihres Vorgehens treffen zu können. Bereits der I. Weltkrieg wäre in dieser Brutalität ohne Bayer nicht möglich gewesen. Infolge der Seeblockade der Alliierten fiel der Import des Chilesalpeters (Guano Vogelkot), der als Dünger oder Sprengstoff nutzbar war, weg. Carl Bosch von der BASF und Carl Duisberg, Bayer, gaben dem deutschen Kriegsministerium das sogenannte Salpeter-Versprechen. Das heißt, die Firmen erhielten von der Regierung einen Vorschuß von 432 Millionen Reichsmark und eine Abnahmegarantie für ihren Sprengstoff Ammoniumnitrat, der in der Folge Millionen Menschen zerfetzte. Da der Krieg 1918 aus der Sicht der Konzerne vorschnell beendet wurde, machte der Staat nach dem Krieg massiv Werbung für den Einsatz dieses Stoffes als Stickstoffdünger in der Landwirtschaft, damit die Profite nicht einbrachen. Aber nicht nur Sprengstoff wurde bei Bayer entwickelt, sondern auch Giftgas, zunächst Chlorgas. Duisberg war beim Test auf dem Truppenübungsplatz Köln-Wahn begeistert: „Die Gegner merken und wissen gar nicht, wenn Gelände damit bespritzt ist, in welcher Gefahr sie sich befinden und bleiben ruhig liegen, bis die Folgen eintreten". Es folgten das noch giftigere Phosgen und später Senfgas. Carl Duisberg drängte. „Ich kann deshalb nur noch einmal dringend empfehlen, die Gelegenheit dieses Krieges nicht vorübergehen zu lassen, ohne auch die Hexa-Granate zu prüfen". Das

beeindruckende Forschungsergebnis: 60 000 elendig krepierende Soldaten.
Denn: „Die einzig richtige Stelle aber ist die Front, an der man so etwas heute
probieren kann". Der Geschäftsbereich Bayer allein reichte diesem vorbildli-
chen Industriellen nicht, er schloss sich mit BASF und Hoechst zur IG Farben
zusammen. Nun hatte das Unternehmen die Potenz, Adolf Hitler an die Macht
zu bringen. Schon vor der Machtübertragung schloss der Konzern mit den Nazis
1932 den Benzinpakt, für den er als Belohnung 1933 die Absatz- und Profitga-
rantie für synthetischen Treibstoff und Kautschuk erhielt. Dies ermöglichte Hitler den II. Weltkrieg. Keine Profitgelegenheit ließen die Experten des Todes
aus. Für die Judenvernichtung in den Gaskammern stellten sie über eine Tochtergesellschaft das Zyklon B her. Menschenversuche mit Impfstoffen an den
Häftlingen in den KZ Auschwitz und Buchenwald durften im Portfolio des Konzerns nicht fehlen. Ebenso nicht das konzerneigene KZ Auschwitz-Monowitz.
IG-Farben Vorstand Schneider: „Oberster Grundsatz bleibt es, aus den Kriegs-
gefangenen so viel Arbeitsleistung herauszuholen als irgend möglich". Übrigens, nach dem II. Weltkrieg versuchte die IG Farben Abwicklungsgesellschaft,
Brands Ostpolitik zu torpedieren, weil diese ja zur Anerkennung der polnischen
Westgrenze führen und es damit keine Entschädigung für die entgangenen Gewinne in Monowitz mehr geben würde (CETA, TTIP lassen grüßen). Die IG Farben wurden nach dem Krieg aufgrund ihrer Verbrechen von den Alliierten for-
mal wieder in Bayer, Hoechst und BASF aufgespalten, stimmten ihre Profitfel-
der aber eng miteinander ab. Der KZ Cheforganisator Fritz ter Mer wurde für
seine „Leistungen" mit der Position des Aufsichtsratsvorsitzenden der Bayer
AG belohnt. Die meisten Agrogifte stammen aus der Giftgasforschung. Dr.
Gerhard Schrader, der in der Nazi-Zeit die Kampfgase Sarin (das S steht für
Schrader) und Tabun entwickelt hatte, übernahm nach dem Krieg die Pestizi-
dabteilung bei Bayer. Auch in den USA reichte Schrader Patente für Pestizide
mit hoher „Warmblüter Toxizität" ein. Während des Vietnamkrieges produzierten Monsanto und Bayer über die gemeinsame Tochtergesellschaft Mobay
das berüchtigte Entlaubungsmittel „Agent Orange", welches bis heute zehntausende missgebildete Kinder und Krebsfälle hervorgerufen hat, sowie über
20% des Landes dauerhaft für die landwirtschaftliche Nutzung unbrauchbar

machte. Experten von Bayer und Hoechst standen der US Army, als medizinische Helfer getarnt, sowie beratend dem US-amerikanischen Planungsbüro für B- und C-Waffen in Saigon zur Seite (Seymour R. Hersh, Chemical and Biological Warfare). Auf Anraten der Kammerberatung hatte ich als 18jähriger konventionell ausgebildeter Landwirt das Pflanzen-schutz?mittel von Bayer 2,4-D und 2,4,5,D im Tank. Das war das Vietnamgift, wie ich entdeckte, dass auch alle Berufskollegen seelenruhig versprühten. Ein Erweckungserlebnis, welches mich vom Saulus zum Paulus werden ließ. Heute schätzt die Weltgesundheitsorganisation die Zahl der Pestizidvergiftungen auf bis zu 10 Millionen. Etwa 200 000 Fälle verlaufen tödlich. Für einen großen Teil sind Bayer Produkte verantwortlich. Glyphosat ist mit seiner heimtückischen Wirkung nur die Spitze des Eisbergs.

Mit freundlichem Gruß

Dr. Johannes F. Hartkemeyer

WEITER GEHT'S!